21 世纪全国高职高专机电类规划教材

# 模具工程技术基础

主 编　赵世友　何　晶

副主编　张景双　高淑杰

北京大学 出版社

PEKING UNIVERSITY PRESS

# 内 容 提 要

本书为高职高专机电类规划教材,是根据应用型高职教育的特点,结合模具工业发展对技能型人才知识和技能的要求编写而成。本书内容丰富,语言简洁,在编写中注重知识的通俗性和实用性,包括冲压工艺及模具、塑料成型工艺及模具、压铸成型工艺及模具、模具零件制造、模具装配、模具 CAD/CAM 简介、现代模具制造技术简介和模具材料及热处理等内容。

本书适用于高职高专非模具、机电类专业 2、3 年学制学生使用(40~52 学时),也可作为从事模具设计与制造的专业技术人员的参考用书或是机械工人岗位培训和自学用书。

## 图书在版编目(CIP)数据

模具工程技术基础/赵世友,何晶主编. —北京:北京大学出版社,2008.9
(21 世纪全国高职高专机电类规划教材)
ISBN 978-7-301-13061-2

Ⅰ. 模… Ⅱ. ①赵…②何… Ⅲ. 模具—高等学校:技术学校—教材 Ⅳ. TG76

中国版本图书馆 CIP 数据核字(2007)第 192177 号

书　　　名:模具工程技术基础
著作责任者:赵世友　何　晶　主编
责 任 编 辑:桂　春
标 准 书 号:ISBN 978-7-301-13061-2/TH·0061
出　版　者:北京大学出版社
地　　　址:北京市海淀区成府路 205 号　100871
电　　　话:邮购部 62752015　发行部 62750672　编辑部 62765126　出版部 62754962
网　　　址:http://www.pup.cn
电 子 信 箱:xxjs@pup.pku.edu.cn
印　刷　者:三河市博文印刷有限公司
发　行　者:北京大学出版社
经　销　者:新华书店
　　　　　　787 毫米×980 毫米　16 开本　14.5 印张　317 千字
　　　　　　2008 年 9 月第 1 版　2014 年 12 月第 3 次印刷
定　　　价:26.00 元

# 前　言

　　模具作为现代制造工业的基本工艺装备之一，有"效率放大器"之称，模具技术为产品开发、制造起到越来越重要的作用。随着模具应用得越来越多，未来直接或间接从事模具生产的人也会越来越多。为此，根据职业教育的特点，结合模具工业发展对技能人才的知识技能要求，编写一本通俗易懂、简单实用的模具技术基础知识教材，让初学者能快速入门并掌握模具技术中的一些基本知识和典型模具结构，是作者编写此书的目的。

　　本书作为高职高专机电类规划教材，根据应用型高职教育的特点与基本要求编写。本书适用于非模具、机电类专业 2、3 年学制学生使用（40～65 学时），也可作为从事模具设计与制造的专业技术人员的参考用书或是机械工人岗位培训和自学用书。

　　本书所含内容丰富，文字表达通俗易懂，深入浅出，实用性强。在内容上，本书图文并茂、简明精练、通俗易懂；重点介绍了模具应用、模具制造的基本知识，包含了模具工程技术的主要内容。知识点以必需、够用为度，理论分析和计算量较少，从而降低了知识的理论深度，同时注重内容的通俗性和实用性。在广度上，本书覆盖了冷冲模具、塑料成型模具及压铸成型模具三大类，在通俗性和实用性上突出了模具的基础知识、模具的成型工艺、模具典型结构、模具制造、模具装配、模具材料，对模具 CAD/CAM 作了简介，同时还对目前正在发展中的前沿制造技术作了介绍。每个章节后均配有习题，以培养学生的实践能力和应用能力。

　　本书由赵世友、何晶任主编，张景双、高淑杰任副主编，并由赵世友统稿。本书共 9 章，具体编写安排如下：沈阳职业技术学院赵世友编写第 1 章、第 5 章、第 6 章，黑龙江农业经济职业技术学院张景双编写第 2 章、第 9 章，辽宁机电职业技术学院何晶编写第 3 章、第 4 章，辽宁科技学院高淑杰编写第 7 章、第 8 章。

　　在本书的编写过程中，沈阳理工大学应用技术学院于丽君提供了大量资料，并对本书的编写提出了许多宝贵意见，在此表示感谢。此外，本书还得到了有关工厂企业、高等院校的大力支持，在此一并表示衷心感谢。同时，书中参考和引用了部分有关资料，在此特向有关作者致谢。

　　由于编者水平有限，书中难免存在一些缺点和错误，恳请广大读者批评指正。

编　者
2008 年 5 月

# 目　　录

# 第1章  绪  论

模具工业是国民经济发展的重要基础工业之一，模具上下产业链的迅速发展，使模具技术在生产中发挥着越来越重要的作用。利用模具将金属或非金属材料压制成形制造产品的方法，已被广泛应用。通过本章的学习可以对模具技术有初步的了解。

## 1.1  模具及成形特点

模具是成形加工的基础，在现代机械制造工业及日用品、电子产品、轻工产品等生产中，用各种压力机和装在压力机上的专用工具通过压力把金属或非金属材料制成所需形状的零件或制品，这种专用工具统称为模具。

模具成形的方法与其他加工方法相比具有以下特点。

（1）模具成形方法是少切屑、无切屑的先进成形方法，它具有节省能源、降低材料消耗的优点，制造的零件成本较低。

（2）模具可成形形状复杂的零件，用模具制造的产品精度高、表面质量好、尺寸稳定。

（3）用模具制造的成形件是在压力作用下成形的，制件的组织致密、强度和刚度都较高。

（4）模具成形加工是在压力机或注塑机等成形设备驱动下进行的，其操作简便、生产效率高、易实现机械化与自动化。

现在的模具工，不像以前纯粹靠手工制模，更多地体现在模具设计和模具制造上，其质量与精度一般靠先进机床保证；在计算机和 Internet 信息技术的推动下，以 CAD/CAM 为基础，数字化无纸生产，虚拟产品开发，异地协同设计与制造，逆向工程技术制模等代表的现代制造技术和现代制造业迅猛发展。

## 1.2  模具的作用与地位

模具是生产中使用非常广泛的工艺装备。用模具成形零件，具有生产率高、优质、低成本等特点。无论是在机械制造、汽车、石油化工、仪器仪表，还是在家用电器、轻工日用品及航空航天等工业部门都是不可缺少的。在现代生产中，模具制造成为一切制造之首。

    模具不是批量生产的产品,它具有单件生产和对特定用户的依赖特性,多数工业发达的国家都将生产的模具化作为工艺发展的方向之一,从而对模具给予了高度重视。如汽车、电器、电机、仪表等行业,有 60%~90%的产品零件需用模具加工。螺钉、螺母等标准紧固件,没有模具就无法大批量生产,工程塑料、粉末冶金、橡胶、压铸、玻璃成形等工艺则全部需要模具。据预测,到 21 世纪,机械产品零件中 75%的粗加工和 50%的精加工件,将用精密模具直接生产,以取代常规的机械加工。所以,模具技术发展状况及水平的高低,直接影响到工业产品的发展,也是衡量一个国家工艺水平的重要标志之一。

    目前,人们普遍认识到,研究和开发模具技术,对促进国民经济的发展具有特别重要的意义。我国的模具已经成为工业生产的重要基础工艺装备,是国民经济建设中不可缺少的一个部分。

# 1.3   模具成形方法与模具种类

    目前在模具技术中,使用的模具成形方法主要有冲压成形、塑料成型、压铸成型、模锻成形、橡胶成形、玻璃和陶瓷成形等,与之相应的模具类型有冲模、塑料模、压铸模、锻模、粉末冶金、橡胶模、玻璃模、陶瓷模和其他各类模具。模具成形方法可分为两大类:即冲压模模具(冲模),型腔模模具。而每一大类又可细分为若干种,详见图 1-1。

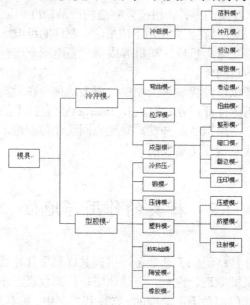

图 1-1   模具的分类

　　本书重点介绍冲压成形、塑料成型、压铸成型及其模具。

　　冲压成形是在常温下，利用模具在压力机上对材料施加压力，使材料产生塑性变形或分离，从而获得一定形状和尺寸精度制件的加工方法。其使用的模具为冲压模具。

　　塑料成型是以树脂为主要成分的高分子有机化合物（即塑料），利用塑料成型机在一定的温度和压力下将熔融状的塑料注入模具型腔冷却成形的加工方法。其使用的模具有注射模具、压缩模具、压注模具、吹塑模具。

　　压铸成型是在普通铸造工艺的基础上发展起来的一种先进的加工方法，它是将熔融的金属液在压铸机的高压作用下，以较高的速度通过模具的浇注系统充满模腔，并在压力下冷却凝固成压铸件。其使用的模具为压铸模具。

# 1.4　模具技术的发展趋势

　　工业产品的品种增多、市场的激烈竞争，对模具工业提出了更高的要求。缩短模具设计和制造周期、提高模具制造精度、降低模具制造成本、开发模具成形新技术和新型模具结构，将是近一段时间模具行业努力的方向。

　　模具制造的模具钢材料硬度高，要求模具加工设备具有热稳定性、高可靠性。对复杂型腔和多功能复合模具，随着制件形状的复杂化，必须要提高模具的设计制造水平。多种沟槽、多种材质在一套模具中成形或组装成组件的多功能复合模具，就要求加工编程程序量大，具有高深孔腔综合切削能力和高稳定性，提高了加工难度。

　　模具 CAD/CAM/CAE 技术是模具设计与制造的发展方向。随着计算机软、硬件的发展和数控机床的应用普及，模具计算机工程分析、设计与制造一体化将成为必然。它不仅能提高模具设计、制造的效率，而且还能缩短模具制造周期，减少设计和制造人员的重复劳动，提高模具质量。

　　高动态精度。机床生产企业介绍的静态性能（如重复定位精度、直线进给速度）在模具三维型面加工时，不能反映实际加工情况。模具的三维曲面高精度加工，提出了高动态精度性能的要求，高速高精度还要在机床的高刚性、热稳定性、高可靠性以及高品质的控制系统相配合才可能实现。

　　模具加工难度增大。模具成型零件的日渐大型化和零件的高生产率，要求一模多腔，致使模具日趋大型化，大吨位的大型模具可达 100 吨，一模几百腔、上千腔，要求模具加工设备大工作台、加大 $Y$ 轴 $Z$ 轴行程、大承重、高刚性，高一致性。超精加工技术、电化学技术、超声技术和激光加工技术在今后的模具制造中将得到进一步的应用。优质模具材料和新型材料将得到应用和推广。模具标准化程度将不断提高。

　　总之，先进制造技术的出现正急剧改变着制造业的产品结构和生产过程，对模具行业也是如此。质量、成本（价格）和时间（工期）已成为现代工程设计和产品开发的核心因素，现代企业大都以高质量、低价格、短周期为宗旨来参与市场竞争。模具行业必须在设计技术、制造工艺和生产模式等方面加以调整以适应这种要求。模具制造现代化正成为国内外模具业发展的一种趋势。

# 1.5　学习本课程的性质、任务和学习方法

　　本课程为机电类非模具专业的主要课程之一，通过本课程的学习使学生掌握模具技术基础知识，了解先进模具制造技术，具有分析模具结构、从事模具制造技术工作和组织模具生产管理的能力。本课程介绍了模具成形、模具结构、模具制造、模具装配及模具材料等基础知识，为进一步学习其他专业和职业技能打下基础。

　　本课程实用性、实践性较强，涉及的知识面较广。因此，在学习中应特别注意实践环节，可通过参观、现场教学及实习等手段，增加感性认识，提高综合实训能力。

# 1.6　思考与练习

1．模具的作用是什么？它在生产中的地位如何？
2．试述模具主要成形的方法。
3．学习本课程应注意哪些方面的问题？
4．什么是冲压成形、塑料成型、压铸成型？

# 第2章 冲压工艺及模具

在模具成形加工中有许多成形方法，涉及许多内容。本章主要介绍模具成形加工中所涉及的冷冲压工艺、冲压材料、冲压设备冲压模具等。

## 2.1 冷冲压概述

冷冲压加工，是在常温下利用压力机和冷冲压模具对金属板料或型材施加压力，使其产生塑性变形或断裂分离，从而得到零件所需的形状和尺寸，这样一种加工工艺方法称为冷冲压加工，简称冲压。又因其加工对象多为金属板料也称板料冲压。冲压所使用的成形工具为冷冲压模具，简称冲模。

### 2.1.1 冲压工艺分类

冲压加工的零件种类繁多，对零件的形状、尺寸、精度的要求也各有不同，从而冲压成形的方法也是多种多样的。但是根据材料的变形特点，冲压工艺大致可分为分离工序和成形工序两大类；按冲压工序的内容又可分为冲裁、弯曲、拉深、翻边成形等工序；按完成冲压工艺过程可分为单工序、级进工序、复合工序。

分离工序是在冲压过程中，使冲压件与坯料沿一定的轮廓线相互分离，同时冲压件分离断面的质量也要满足一定的要求。例如：切断、落料、冲孔等。

成形工序是使冲压坯料在不破坏的条件下发生塑性变形，转化成所要求的成品形状，同时也满足尺寸公差等方面的要求。如弯曲、拉深、翻边成形等。表 2-1 为常用冲压工序分类及应用模具。

表 2-1 常用冲压工序分类及应用模具

| 类别 | 工序名称 | 工序简图 | 工序特征 | 模具简图 |
|------|----------|----------|----------|----------|
| 分离工序 | 落料 | | 用落料模沿封闭轮廓冲裁板料或条料冲掉部分是制件 | |

（续表）

| 类别 | 工序名称 | 工序简图 | 工序特征 | 模具简图 |
|---|---|---|---|---|
| 分离工序 | 冲孔 | | 用冲孔模沿封闭轮廓冲载工件或毛坯，冲掉部分是废料 | |
| | 切口 | | 用切口模将部分材料切开、但并不使它完全分离，切开部分材料发出弯曲 | |
| | 切边 | | 用切边模将坯件边缘的多余材料冲切下来 | |
| | 剖切 | | 用剖切模将坯件弯曲件或拉深件剖成两部分或几部分 | |
| | 整修 | | 用整修模去掉坯件外缘或内孔的余量，以得到光滑的断面和精确的尺寸 | |

（续表）

| 类别 | 工序名称 | 工序简图 | 工序特征 | 模具简图 |
|---|---|---|---|---|
| 立体成形工具 | 压印 | | 用压印模使材料局部转移，以得到凸、凹的浮雕花纹和标记 | |
| | 冷挤压 | | 用冷挤模使金属沿凸凹间隙流动，从而使厚毛坯转变为薄壁空心件或横截面小的制品 | |
| | 顶镦 | | 用顶镦模使金属体积重新分布及转移，以得到头部比（坯件）杆部粗大的制件 | |

## 2.1.2  冲压工艺特点

冷冲压是一种少无切削的加工工艺，材料利用率很高。冲压产品的尺寸精度是由模具保证的，质量稳定，一般不需再经机械加工即可使用；在冲压过程中材料表面不受破坏。它是集表面质量好、重量轻、操作简便、生产率高、成本低、易于实现机械化与自动化于一身的加工方法。因此，在现代工业生产中得到广泛应用。

冷冲压模具是冲压工艺中必不可少的工艺装备，一般一个冲压零件需要用几副模具才能加工成形。产品的形状、尺寸、精度都是靠模具来保证的，产品的更新必须以模具的更新为基础，因此模具制造是机械加工工业中的一个重要组成部分。

## 2.1.3  冲裁模结构的组成

按模具零件的不同作用，可将冲裁模结构分为工艺零件和结构零件两大类。工艺零件是在完成工序时，与材料或制件直接发生接触的零件；结构零件是在模具制造和使用中起装配、安装作用的零件，以及制造和使用中起导向作用的零件。冲裁模结构的组成及其零件的作用见表 2-2。

表 2-2    冲裁模结构的组成及其零件的作用

| 零件种类 | | | 零件名称 | 零件作用 |
|---|---|---|---|---|
| 模具基本结构 | 工艺零件 | 工作零件 | 凸　模 | 完成板料的分离成形 |
| | | | 凹　模 | |
| | | | 凸凹模 | |
| | | | 刃口镶块 | |
| | | 定位零件 | 定位销（板） | 确定条料（坯件）在冲模中的正确位置 |
| | | | 挡料销（板） | |
| | | | 导正销 | |
| | | | 导料板 | |
| | | | 定位侧刃 | |
| | | | 侧压器 | |
| | | 压料、卸料及出料零件 | 压边圈 | 使零件从条料分离后，将零件从冲模中卸下来。而拉伸模的压边圈起防止失稳起皱作用 |
| | | | 卸料板 | |
| | | | 顶出器 | |
| | | | 顶销 | |
| | | | 推杆 | |
| | | | 推板 | |
| | | | 废料刀 | |
| | 结构零件 | 导向零件 | 导柱 | 正确保证上、下模的正确位置，以保证冲压精度 |
| | | | 导套 | |
| | | | 导板 | |
| | | | 导块 | |
| | | 支承及支持零件 | 上、下模板 | 连接固定工作零件，使之成为完整的模具结构 |
| | | | 模柄 | |
| | | | 固定板 | |
| | | | 垫板 | |
| | | | 限位器 | |
| | | 紧固零件 | 螺钉 | 紧固、连接各类零件，圆柱销起稳固定位作用 |

## 2.1.4　冲压设备

在冲压生产中，常用压力机为冲压工艺提供冲压动力。压力机种类繁多，按传动方式分类，主要有机械压力机和液压压力机。但是生产中最常见、应用最多的是机械压力机。机械压力机又可分为曲轴压力机和摩擦压力机。而曲轴压力机应用更为广泛。

1. 曲轴压力机的工作原理

图 2-1 所示为一种曲轴压力机图片。曲轴压力机结构组成包括：工作机构、传动机构、操纵系统、支承部件和辅助系统等。

（1）工作机构。工作机构主要由曲轴、连杆和滑块组成。其作用是将电动机主轴的旋转运动变为滑块的往复直线运动。滑块底平面中心设有模具安装孔，大型压力机滑块底面还设有 T 型槽，用来安装和压紧模具，滑块中还设有退料（或推件）装置，用以在滑块回程时将工件或废料从模具中退下。

（2）传动机构。传动系统由电动机、带、飞轮、齿轮等组成。其作用是将电动机的运动和能量按照一定要求传给曲柄滑块机构。

（3）操纵系统。操作机构包括空气分配系统、离合器、制动器、电气控制箱等。

（4）支承部件。支承部件包括机身、工作台、拉紧螺栓等。其工作原理见图 2-2。

图 2-1　曲轴压力机图片

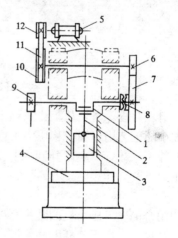

图 2-2　曲轴压力机工作原理

1—曲轴；2—连杆；3—滑块；4—工作台；
5—电动机；6—小齿轮；7—大齿轮；8—离合器；
9—制动器；10—大带轮；11—V 带；12—小带轮

开关闭合后，电动机旋转，小带轮 12 带动大带轮 10 转动，通过小齿轮 6 再带动大齿轮 7 转动，即电动机的转动经二级减速传给曲轴。合上离合器 8，曲轴 1 开始转动，然后通过连杆滑块机构，带动滑块 3 作上下往复运动。压力机每完成一个冲程，即上下运动一个循环，离合器会自动分离，滑块会自动停在上止点上，除非按下连续冲压开关，压力机才会连续循环冲压。

2．压力机的主要技术参数

（1）公称压力。压力机滑块离下止点前某一特定距离或曲轴旋转到离下止点前某一特定角度时，滑块上所允许承受的最大压力。见图 2-3 曲轴滑块机构。我国压力机的公称压力已经系列化。

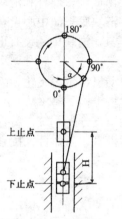

图 2-3　曲轴滑块机构

（2）滑块行程。滑块从上止点到下止点所经过的距离，最大数值是曲轴长度的 2 倍。其数值大小随工艺用途和公称压力不同而不同。

（3）冲压次数。滑块每分钟从上止点到下止点然后再回到上止点所往复的次数。反映了曲轴压力机的工作频率。普通压力机一般为 60～150 次／min，高速压力机可达每分钟千次以上。

（4）闭合高度。压力机的装模高度。滑块运动到下止点，滑块底平面与压力机工作台面之间的距离 $H$。由于连杆的高度可以调节，所以闭合高度可以改变，即可以从最小闭合高度调节到最大闭合高度。

（5）工作台面尺寸。工作台面的外形（长×宽）尺寸及中间漏料孔的尺寸。决定了安装模具下模座的尺寸范围和落料制件或废料的允许尺寸。

（6）模柄孔尺寸。滑块下平面中心处安放模具模柄的圆孔直径及模柄孔深尺寸。

（7）装模高度。滑块移动到下止点时，滑块平面到工作台面的高度。此高度可以通过调节螺杆进行调整。在最大闭合高度状态时的装模高度为最大装模高度，在最小闭合高度状态时的装模高度为最小装模高度。

（8）连杆调节长度。曲轴压力机的连杆长度可以调节，通过改变连杆的长度而改变压力机闭合高度，以适应不同闭合高度模具的安装要求。

（9）电动机功率。压力机电动机功率应大于冲压时所需要的功率。

表 2-3 给出了开式双柱可倾压力机的主要结构参数。

表 2-3  开式双柱可倾压力机的主要结构参数

| 公称压力/kN | | 31.5 | 63 | 100 | 160 | 250 | 400 | 630 | 1000 |
|---|---|---|---|---|---|---|---|---|---|
| 滑块行程/mm | | 25 | 35 | 45 | 55 | 65 | 100 | 130 | 130 |
| 滑块行程次数 $n\,min^{-1}$ | | 200 | 170 | 145 | 120 | 105 | 45 | 50 | 38 |
| 最大闭合高度/mm | | 120 | 150 | 180 | 220 | 270 | 330 | 360 | 480 |
| 最大装模高度/mm | | 95 | 120 | 145 | 180 | 220 | 265 | 280 | 380 |
| 连杆调节长度/mm | | 25 | 30 | 35 | 45 | 55 | 65 | 80 | 100 |
| 工作台尺 /mm | 前后 | 160 | 200 | 240 | 300 | 370 | 460 | 480 | 710 |
| | 左右 | 250 | 310 | 370 | 450 | 560 | 700 | 710 | 1080 |
| 垫板尺寸 /mm | 厚度 | 25 | 30 | 35 | 40 | 50 | 65 | 80 | 100 |
| | 孔径 | 110 | 140 | 170 | 210 | 200 | 220 | 250 | 250 |
| 模柄尺寸 /mm | 直径 | 25 | 30 | 30 | 40 | 40 | 50 | 50 | 60 |
| | 深度 | 45 | 50 | 55 | 60 | 60 | 70 | 80 | 75 |
| 最大倾斜角度 | | 45° | 45° | 35° | 35° | 30° | 30° | 30° | 30° |
| 电动机功率/kW | | 0.55 | 0.75 | 1.10 | 1.50 | 2.2 | 5.5 | 5.5 | 1.0 |
| 设备外形 尺寸/mm | 前后 | 675 | 776 | 895 | 1130 | 1335 | 1685 | 1700 | 2472 |
| | 左右 | 478 | 550 | 651 | 921 | 1112 | 1325 | 1373 | 1736 |
| | 高度 | 1310 | 1488 | 1637 | 1890 | 2120 | 2470 | 2750 | 3312 |
| 设备总重/kg | | 194 | 400 | 576 | 1055 | 1780 | 3540 | 4800 | 10000 |

## 2.1.5  常用冲压材料

### 1. 常用冲压材料的基本要求

冲压工艺适用于多种金属材料及非金属材料。在金属材料中有钢、铜、铝、镁、镍、钛、各种贵重金属及各种合金。非金属材料包括各种纸板、纤维板、塑料板、皮革、胶合板等。

一般来讲，冲压所用材料不仅要满足工件的技术要求，同时也必须满足冲压工艺要求。

（1）冲压件的功能要求。冲压件必须具有一定的强度、刚度、冲击韧度等力学性能要求。此外，有的冲压件还有一些特殊的要求，例如电磁性、防腐性、传热性和耐热性等。

（2）冲压工艺的要求。冲压件不仅要有良好的塑性，还应具有良好的表面状态以及材料的厚度公差、材质应符合国家标准。例如，塑性良好的材料可以获得理想的断面质量，加工时不易破裂，同时不易擦伤模具并减少退火次数等。

### 2. 常用冲压材料性能

常用金属冲压材料以板料和带料为主，棒材一般仅适于挤压、切断、成形等工序。带钢的优点是有足够的长度，可以提高材料利用率。缺点是开卷后需要整平。带钢一般适合于大批量生产的自动送料。钢材的生产工艺有很多种，冷轧、热轧、连轧及往复轧等。一般厚度在 4 mm 以下的钢板用热轧或冷轧，厚度在 4 mm 以上用热轧。同一种钢板，由于轧制方法不同，其冲压性能会有很大差异。冷轧钢板的尺寸精确，表面缺陷少，表面光亮，而且内部组织细密。因此冷轧板制品一般不能用热轧板制品代替。连轧钢板一般具有较大的纵横方向纤维差异，有明显的各向异性。单张往复轧制的钢板，各向均有相应程度的变形，纵横异向差别较小，冲压性能更好。

常用非金属材料有胶木板、橡胶、塑料板等。一般塑性较差仅适用于分离工序。

## 2.2 冲 裁

冲裁是利用冲裁模在压力机作用下，使板料沿封闭曲线相互分离的成形方法。冲裁后若是封闭曲线以内的部分为工件，称为落料；若是封闭曲线以外的部分为工件，称为冲孔。冲裁件种类繁多，图 2-4 为各种冲裁件。

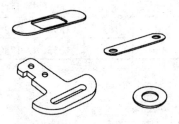

图 2-4　各种冲裁件

如图 2-5 所示为简单的冲裁模。上模部分由模柄 1、凸模 2 等组成，下膜部分由凹模 3、下模座 4 等组成。上模部分通过模柄安装在压力机的滑块上，随滑块作上、下运动。下模部分通过下模座固定在压力机工作台的垫板上。将板料 5 置于凹模上，当凸模随滑块向下运动时，凸模便冲穿板料进入凹模，使板料互相分离而完成冲裁工序。

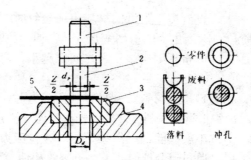

图 2-5 简单冲裁模

1—模柄 2—凸模 3—凹模 4—下模座 5—条料

## 2.2.1 冲裁工艺

### 1. 冲裁的变形过程

在冲裁过程中，冲裁的变形过程是从凸模接触材料到材料被一分为二的过程，即板料的冲裁变形过程是在瞬间完成的。这个过程大至可分为三个阶段，如图 2-6 所示。

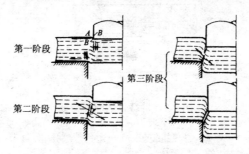

图 2-6 冲裁的变形过程

（1）弹性变形阶段。冲裁开始，在凸模压力和弯矩的作用下，材料开始产生弹性压缩、弯曲、拉深和挤压等变形，材料稍有穿弯，与凸、凹模接触处形成很小的圆角，并微微挤入凹模洞口。随着凸、凹模刃口压入材料，刃口处的材料所受的应力逐渐增大，直至达到弹性极限。在这一阶段中，因材料内部的应力没有超过弹性极限，处在弹性变形状态。若使凸模回升，材料就可恢复原状。

（2）塑性变形阶段。凸模继续下压，刃口处由于应力集中，材料应力首先达到屈服强度材料开始产生剪切变形，塑性变形便从刃口附近开始。随着凸、凹模切刃的挤入，材料变形抗力不断增加，变形拉力不断上升，直到在板料的整个厚度方向上产生塑性变形，变形区的一部分相对于另一部分移动。随着凸模下降，塑性变形进一步产生，同时硬化加剧，冲裁力不断增大，直到刃口附近的材料出现裂纹时，冲裁力达到最大值，塑性变形阶段告终。在该阶段，除产生大的剪切变形外，弯曲、拉深和挤压变形也很严重。间隙越大，弯曲和拉深越大，而挤压则小。反之，间隙越小，弯曲和拉深则越小，挤压变形则增大。

（3）断裂分离阶段。当刃口附近材料达到材料破坏应力时，材料裂纹便产生了。裂纹的起点是在刃口侧面距刃尖很近的板料处，裂纹先从凹模一侧开始，然后才在凸模刃口侧面产生，已产生的上、下微小裂纹随凸模继续下压。在拉应力作用下，沿最大剪应力方向不断向板料的内部扩展。当间隙合理时，上、下裂纹相遇重合，板料便被剪断分离。

冲裁分离后零件的断面与零件的平面并非完全垂直，而是带有一定的锥度。如图 2-7 所示为冲裁断面特征。其冲裁断面特征由毛刺、断裂带、光亮带（剪切带）和塌角带（圆角带）4 部分组成。这 4 部分在冲裁断面上所占的比例随材料的机械性能、料厚、刃口锐钝、模具结构及凸、凹模间隙等不同而变化。塑性差的材料，断裂倾向严重，断裂带增宽，光亮带、圆角带所占比例较小，毛刺也较小，塑性好的材料则相反。对于同一种材料这四部分的比例也随料厚、间隙、刃口锋利程度、模具结构以及零件轮廓形状的不同而变化。要想提高冲裁断面质量，可通过增加光亮的高度，或采用整形工序来实现。增加光亮高度的关键是通过延长塑性变形阶段，推迟裂纹的产生。

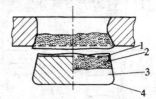

图 2-7　冲裁件的断面特征

1—毛刺　2—断裂带　3—光亮带　4—圆角带

2. 冲裁间隙

冲裁间隙是指凸、凹模刃口的间隙。凸、凹模工作部分的外形轮廓为封闭曲线。凹模孔口直径比凸模直径略大，即凸、凹模间存在间隙，$Z=D_d-d_p$，叫双向间隙，$Z/2$ 叫单向间隙（如图 2-5）。从冲裁过程分析中可知，凸、凹模间隙对冲裁断面质量有极重要的影响。此外，冲裁间隙对冲裁件尺寸公差、模具寿命、冲裁力、卸料力和推料力等也有很大影响。因此，冲裁间隙是一个非常重要的工艺参数。

3. 冲裁件的排样

冲裁件在条料上的布置形式称为排样。表达冲裁件冲裁进程的图称排样图。排样图能直接反映出冲裁的材料利用率、生产效率、模具结构等内容。冲裁排样有两种分类方法：

一是从废料角度来分，可分为有废料排样、少废料和无废料排样。另一种是按制件在材料上的排列形式来分，可分为直排法、斜排法、对排法、混合排法、多排法和冲裁搭边法等多种形式。冲裁排样形式分类见表2-4。

表 2-4　冲裁排样形式分类示例

| 排样形式 | | 有 废 料 排 样 | 少、无 废 料 排 样 | 适用范围 |
| --- | --- | --- | --- | --- |
| 直 排 | | | | 方、矩形零件 |
| 斜 排 | | （16.824） | | 椭圆形、T形、Γ形、S形零件 |
| 直对排 | | | | 梯形、三角形、半圆形、T形、Ш形、Π形零件 |
| 混合排 | | | | 材料与厚度相同的两种以上的零件 |
| 多行排 | | | | 大批生产中尺寸不大的圆形、六角形、方形、矩形零件 |
| 裁搭边法 | 整裁法 | | | 细长零件 |

（续表）

| 排样形式 | | 有 废 料 排 样 | 少、无 废 料 排 样 | 适用范围 |
|---|---|---|---|---|
| 裁搭边法 | 分次裁切法 | 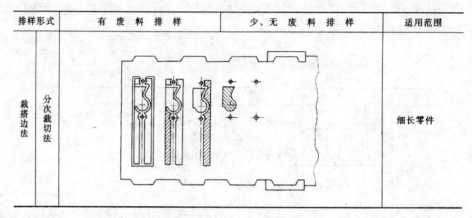 | | 细长零件 |

　　排样时制件之间，以及制件与条料侧边之间留下的余料叫搭边。搭边的作用是补偿条料的定位误差，保证冲出合格的制件。搭边还可以保持条料有一定的刚度，便于送料。

　　搭边是废料，从节省材料出发，搭边值应愈小愈好。但过小的搭边容易挤进凹模，增加刃口磨损，降低模具寿命，并且也影响冲裁件的剪切表面质量。一般来说，搭边值是由经验确定的。

　　合理的排样应是在保证制件质量、有利于简化模具结构的前提下，以最少的材料消耗冲出最多数量的合格制件。采用何种排样形式应根据制件的形状、材料种类、制件精度、批量大小、材料利用率、模具结构等内容进行综合分析。

　　4. 其他冲裁

　　通常称冲孔和落料是单工序冲裁，为了提高冲裁生产效率和工件精度，也可将冲孔工序和落料工序组合在一副模具内完成。根据不同的组合方式，冲裁又有级进冲裁和复合冲裁或级进复合冲裁。如垫圈的冲裁就可用图 2-8 中的方式冲出，其中：图 2-8a 是要冲裁的工件垫圈；图 2-8b 是垫圈单工序落料，在落料模中可获得落料件 D 尺寸；在落料件上用冲孔模冲出直径为 d 的孔，见图 2-8c。图 2-8d 是垫圈级进冲裁方式，冲裁开始时条料送到 Ⅰ 位置，冲孔凸模 1 可在条料上冲出孔径为 d 的孔，在上模回程后，将条料送到 Ⅱ 位置，孔径 d 的中心刚好对准落料凸模 2 的中心；上模再次下冲，冲孔凸模 1 又在条料上冲出孔径为 d 的孔，同时落料凸模 2 进行落料，得到工件外形直径 D，即获得一个完整的工件，因此称为级进冲裁。

　　图 2-8e 是垫圈复合冲裁方式，其与级进冲裁方式的区别是冲孔和落料都在同一工位进行。件 7 外形是落料的凸模，内孔又是冲孔的凹模，故零件称为凸凹模。件 1 是冲孔，凸模件 6 是落料凹模。当凸凹模下行时，冲孔凸模 1 与凸凹模 7 的内孔对材料进行冲孔，得到孔径为 d 的孔，凹模 6 与凸凹模 7 的外形对材料进行落料，得到尺寸为 D 的外形，即在

同一位置对材料进行冲孔和落料，可获得一个完整的冲裁件。

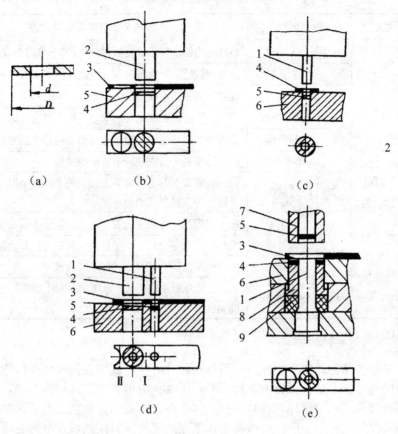

图 2-8　各种冲裁方式

1—冲孔凸模　2—落料凸模　3—条料　4—工件
5—废料　6—凹模　7—凸凹模　8—推板　9—橡胶垫
（a）垫圈　（b）单工序落料　（c）冲直径为 $d$ 的孔　（d）级进冲裁　（e）复合冲裁

## 2.2.2　冲裁模

### 1. 冲裁模的分类

在冲压生产中，用来将板材相互分离的冲模称为冲裁模。为了便于区分和研究不同结构的冲裁模，必须将它进行科学的分类，见表 2-5。

表 2-5  冲裁模的分类

| 序号 | 分类方法 | 模具名称 | | 板料分离状态及模具特点 |
| --- | --- | --- | --- | --- |
| 1 | 按工序性质分类 | 1 | 落料模 | 沿封闭的轮廓将零件与板料分离,冲下来的部分为制品零件 |
| | | 2 | 冲孔模 | 沿封闭的轮廓将板料与废品分离,冲下来的部分为废料 |
| | | 3 | 切边模 | 将制件多余的边缘切掉 |
| | | 4 | 切口模 | 沿敞开的轮廓将制品冲出缺口,但不完全分离 |
| | | 5 | 整修模 | 切除冲裁制品的粗糙边缘,获得光洁垂直的零件断面 |
| 2 | 按工序组合分类 | 1 | 单工序模 | 在一副模具中只完成一个工序的冲模 |
| | | 2 | 连续模 | 在一副模具中的不同位置上完成两个或两个以上工序,最后将制品与条料分离的冲模 |
| | | 3 | 复合模 | 在一副模具中的同一位置上,完成几个不同工序的冲模 |
| 3 | 按上、下模导向情况分类 | 1 | 敞开模 | 模具本身无导向装置,工作完全靠压力机导轨起作用 |
| | | 2 | 导向模 | 用导板来保证冲裁时凸、凹模准确位置 |
| | | 3 | 导柱模 | 上、下模分别安有导套、导柱,靠其配合精度来保证凸凹模准确位置 |

2. 冲裁模的典型结构

（1）落料模的结构。生产中冲压件的形式各种各样,成形各种式样冲压件的模具结构也不同,但模具的基本结构大体上是相似的,图 2-9 所示为固定卸料落料模。这种模具分上模和下模两部分,利用导柱、导套导向,因而凸、凹模的定位精度及工作时的导向性都较好。该模具仅完成落料工序,所以称为单工序冲模。落料模的质量至为关键的要点是凸模和凹模的间隙要正确而且均匀,定位要准确,冲件下漏顺畅。

构成冲裁模的部件种类及其作用如下。

① 模架。由导柱 4、导套 3、上模座 2、下模座 9 构成。它们是模具的基础零件。我国国家标准（GB/T 2851—1990～GB/T 2861—1990）中有滑动导向模架和滚动导向模架标准。一般由专业工厂生产,已形成系列化及商品化。

② 模柄。图 2-9 中所示的模柄 14 是突出于上模座顶面的圆柱形零件,工作时伸入至压力机滑块孔中,并被夹紧固定。

③ 凸模。外形落料中的工件尺寸是由凸模与凹模决定的,凸、凹模要留有一定的间隙,故凸模要做得小些,但应达到与间隙的对应要求。图 2-9 中所示的凸模 6 紧配于凸模固定板 13,并应该与固定板支撑面垂直。

④ 凹模。由于外形落料的工件尺寸取决于凹模,所以要在结构上多作考虑,采用整体式或拼块式结构。图 2-9 中所示的凹模 1 是整体式结构。

凸模、凹模构成模具的工作零件，能按要求直接冲出冲压件的形状、尺寸和精度。

⑤ 导料板。保证模具各相对运动部位都具有正确的位置和良好的运动状态。确定条料或坯料在冲模中正确位置的零件，如挡料销 2、导料板 8。

⑥ 卸料板。在冲压后能将卡在模具中的工件或废料从模具中卸出，卸料板是卸去紧靠凸模上的材料，在图 2-9 中设置了由卸料板 7 使每次落料后的条料能及时地从凸模上卸下。

⑦ 紧固件。紧固与其他类零件能把模具中的各零件定位并紧固。图 2-9 中所示的销钉10、紧固螺钉 11、防转销 12。

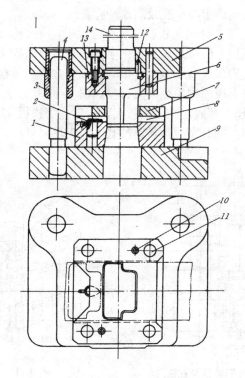

图 2-9 固定卸料落料模

1—凹模 2—钩式挡料销 3—导套 4—导柱

5—上模座 6—凸模 7—固定卸料板 8—导料板

9—下模座 10—销钉 11—螺钉 12—防转销

13—凸模固定板 14—模柄

（2）冲孔模的结构。冲孔与落料都是沿封闭的轮廓将材料分离的。因此冲孔模与落料模基本相同。但是冲孔模所冲孔与工件外缘或工件原有孔的相对位置精度是由模具上的定位装置来决定的，所以需要有定位销或定位板定位。

图 2-10 所示为带小导柱弹性卸料板冲孔模。工作部分为凸模 4、凹模固定板 1、定位及挡料部分为导尺 8、挡料板 10，卸料装置即弹性卸料板 2，导向装置为导套 5，导柱 6，小导柱 3，弹性卸料板也兼起凸模导向作用。

这种模具在弹性卸料板及凹模固定板内注入淬火套及凹模，可提高卸料板及凹模寿命。具有导柱与导套、小导柱与弹性卸料板的双重导向装置。有导柱、导套的冲模与无导向冲模相比，易调整，使用方便，凸凹模间隙能始终保持均匀一致，不易变化，冲制的零件质量稳定，精度高。由于有凸模导向装置，细小凸模不易折断，模具寿命高。但结构复杂，体积大，制造困难。该模具适于冲小孔及高速冲孔。

（3）复合模的结构。复合冲模是板料在一个位置上，压力机一次行程便可同时实现内孔及外形的冲裁。其在结构上的特点是具有一个既起到落料凸模又起到冲孔凹模作用的凸凹模。复合冲模的基本结构形式有顺装复合模和倒装复合模。落料凹模装在上模的称为倒装复合模。落料凹模装在下模的称为顺装复合模。图 2-11 所示为落料-冲孔倒装复合模。其冲孔凸模 22 和落料凹模 5 都固定在上模板上。固定在下模板 13 上的凸凹模 6 既起到冲孔凹模和落料凸模的作用，同时完成落料，冲孔两道工序。

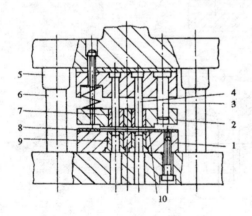

图 2-10　带小导柱和弹性卸料板冲孔模

1—凹模固定板　2—弹性卸料板　3—小导柱
4—凸模　5—导套　6—导柱　7—淬火套
8—导尺　9—凹模　10—挡料板

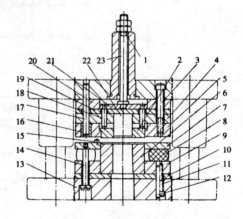

图 2-11　落料-冲孔复合模

1—螺母　2、7—卸料板　3、11、14—螺钉
4—凸模固定板　5—凹模　6—凸凹模　8—橡皮
9—凸凹模固定板　10、19—垫板　12、17、18—销钉
13—下模板　15—挡料销　16—销套　20—衬套
21—顶板　22—冲孔凸模　5—顶杆

在压力机滑块上下运动时，上、下模通过挡料销 15 将板料定位，工件和废料分别通过卸料板 2、7 卸出。倒装复合模由于不需去除冲孔的废料，操作比较方便。但制件在冲裁时没有被压紧，制作的平整度不高。

　　图 2-12 所示为是冲孔-落料顺装复合模。弹压卸料板 4，凸凹模 5，刚性推件装置 6、7
和模柄 8（旋入式模柄）等零件装于上模；在下模中装有落料凹模 2，冲孔凸模 10、11，固
定挡料销 12，顶杆 1 和顶板 3 等零件，在下模座中设置了弹顶器与件 1、3 构成弹性顶件装
置。工作时，该模具是纵向送料，冲制的工件由弹性顶件装置从下模顶出，冲孔的废料由装
在凸凹模中的刚性推件装置推出，弹性卸料板将包在凸凹模外的条料卸下，顺装复合模的弹
性顶件装置和弹性卸料板在冲裁或卸料时，能将条料压紧，使制件很容易被嵌在条料的废料
孔中，需要操作者将工件从条料中拍出；冲孔的废料会落在凹模面上，必须清除后才能进行
下一次冲压，因此，操作不方便，也不安全。尤其在冲多孔制件时，不宜采用此类结构。但
顺装复合模所冲条料因被凸模、凹模和弹性顶件装置压紧后冲裁，冲出的制件比较平整。
　　顺装复合模的凸凹模内不积存废料（每次冲裁只有一个废料），使凸凹模胀裂的可能性
减小，因此其壁厚比倒装复合模的最小壁厚小。
　　复合模的主要优点是结构紧凑，制件较平整，一般精度为 ITll～ITl0，有时可达 IT8。
特别是孔与工件的外形同心度容易保证。一般公差要求较高，送料定距较困难的薄料、软
料零件多采用复合模冲制。若冲制一般零件，宜采用固定模柄、刚性推件的倒装复合模。
当凸凹模壁厚较小时，宜采用固定模柄的顺装复合模结构，以确保凸、凹模的壁厚的强度。
其缺点是结构复杂、制模周期长、成本高。复合模适于大批量生产。
　　（4）级进模的结构。冲裁级进模是在条料的送料方向上具有两个以上的工位，并在压
力机一次行程中，在不同的工位上完成两道或两道以上的冲压工序的冲模。级进冲裁模每
次冲压可得到一个或多个制件，在冲压过程中操作者无须取工件或废料，生产效率高且安
全性好。在冲制多工序成形的复杂零件时，可将冲孔、切槽、切口、成形、落料等多种工
序在一副模具中完成，能充分体现级进模高效的优势之一，这也是近年来冲模向高速、自
动化发展的方向之一。图 2-13 为用侧刃定位的级进裁模。上模由模柄 1、上模座 4、垫板
2、冲孔凸模 5、落料凸模 3、凸模固定板 6、侧刃 7、弹压卸料板 8 等组成；下模由导料板
9、承料板 10、凹模 11 和下模座 12 等组成。从排样图中看出，当条料送到 A 处时，侧刃
7 在条料的边沿冲掉一部分材料，形成一个台肩，同时冲孔凸模 5 在条料中部冲孔；条料
继续送进（送进的距离恰好等于侧刃的断面长度 L），条料边沿的台肩在 A 处被挡住，模
具对材料进行冲裁，侧刃在条料上再冲一个台肩，同时凸模 5 冲孔，然后在已冲孔的部位
落料凸模 3 进行落料，而得到制件。条料继续送进，模具以后每冲一次冲裁都可得到一个
制件。条料每次送进的距离都等于一个步距，条料的送进精度取决于侧刃横端面尺寸的精
度。这种级进冲裁模用侧刃来控制条料在模具中的送进距离，用导料板给条料在模具中的
宽度方向定位。当条料第三次送进时，条料的另一边到 B 处，在 B 处侧刃也对材料冲去一
个台肩。当条料的料尾在 A 处不能被控制时，利用条料在 B 处冲去的台肩来控制条料的送
进距离，以便充分利用料尾的材料。侧刃在模具中给条料定位，可以是一个侧刃或两个侧
刃，两个侧刃的位置可平行布置，也可以交错布置。

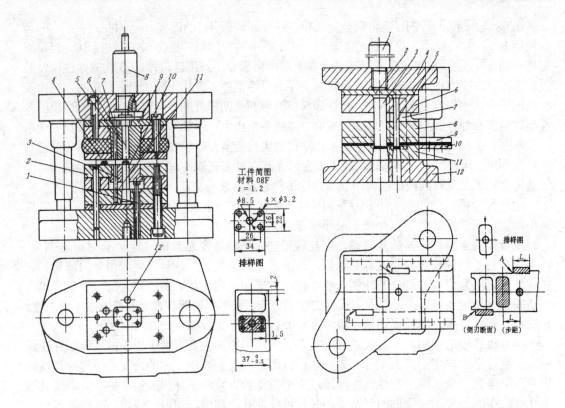

图 2-12　冲孔—落料顺装复合模　　　　　　　图 2-13　用侧刃定位的级进冲裁模

1—顶杆　2—落料凹模　3—顶板　4—弹压卸料板　　　1—模柄　2—垫板　3—落料凸模　4—上模座
5—凸凹模　6—打杆　7—打板　8—模柄　9—垫板　　　5—冲孔凸模　6—凸模固定板　7—侧刃
10、11—冲孔凸模　12—固定挡料销　　　　　　　　　8—弹压卸料板　9—导料板
　　　　　　　　　　　　　　　　　　　　　　　10—承料板　11—凹模　12—下模座

# 2.3　弯　曲

　　弯曲是利用弯曲模在压力机作用下将板料、棒料、管料和型材等放到弯曲模具中弯曲成一定形状及角度零件的成形加工方法。弯曲零件的种类很多，图 2-14 常见的弯曲零件。生产中弯曲成形所用的设备和模具不同，便形成各种不同的弯曲方法，如在压力机上用模具进行的压弯，在专用弯曲机上进行的折弯或滚弯，以及在拉弯设备上的拉弯等。尽管各种弯曲方法不同，但它们的变形过程及变形特点都具有共同的规律，图 2-15 为弯曲零件的

成形方法。本节只介绍在压力机上进行的压弯。

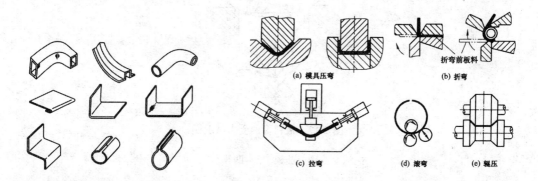

图 2-14 常见的弯曲零件

图 2-15 弯曲零件的成形方法

弯曲模的作用是使坯料在塑性变形范围内进行弯曲,使弯曲后的材料产生永久变形,获得所要求的形状。如图 2-16 所示简单弯曲模。

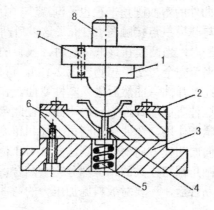

图 2-16 简单弯曲模

1—凸模　2—定位板　3—底座　4—顶杆　5—弹簧　6—凹模　7—销钉　8—模柄

## 2.3.1 弯曲工艺

### 1. 弯曲变形过程

金属板料 V 形和 U 形的弯曲过程是最基本的弯曲变形。在弯矩的作用下,板料将发生弯曲半径和角度的变化,板料在弯曲过程中的受力情况如图 2-17 所示。

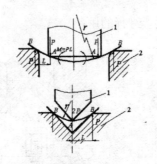

图 2-17　板料弯曲受力状况图

1—凸模　2—凹模

弯曲开始时，模具的凸、凹模与板料在 A、B 处相接触，凸模在 A 处所施加的外力为 $P$（V 形弯曲为 $2P$），凹模面上的 B 点处产生反力与此外力构成弯曲力矩 $M=P \times L$，在此弯曲力矩的作用下，板料产生塑性变形。在弯曲过程中，如图 2-18 所示弯曲过程图 2-18a 随着凸模逐渐进入凹模板料，在凹模上的支撑点 B 将逐渐向模具中心移动，即力臂逐渐变小，由 $L_0$ 变为 $L_1 \cdots \cdots L_k$，同时弯曲件的弯曲圆角半径也逐渐减小，由 $r_0$ 变为 $r_1 \cdots \cdots r_n$ 图 2-18b，当弯曲到一定程度时，板料与凸模三点接触图 2-18c，这以后凸模便把板料的直边，向与以前相反的方向压向凹模。最后，当凸模在最低位置时，板料的角部及直边均受到凸模的压力，弯曲件的圆角半径和夹角完全与凸模相吻合图 2-18d，弯曲过程便可结束。

弯曲开始后，首先板料经过弹性弯曲然后进入塑性弯曲。在图 2-18c 之前板料都向一个方向（凸模方向）弯曲，这种弯曲形式称为自由弯曲。在此弯曲状态下，板料与模具基本贴合，但没有受到凸模的碰压作用，弯曲件的圆角半径和角度受凸模下降距离影响而有较大的波动。当板料直边反向向凹模方向变形，到达图 2-18d 位置时，板料受到凸模的碰压作用，因此板料的直边、圆角都与模具的相应部分完全贴合，这种弯曲称为校正弯曲。它是在金属板料与模具基本贴合后，还要对板料施加压力的弯曲。

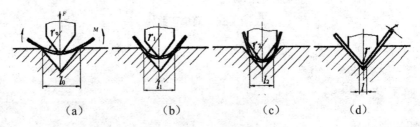

（a）　　　　　　（b）　　　　　　（c）　　　　　　（d）

图 2-18　弯曲过程

## 2. 弯曲半径

为了描述弯曲过程中变形量的大小，常用最小相对弯曲半径 $r/t$ 表示。其中，$r$ 为弯曲材料内侧表面（靠近凸模处）的曲率半径；$t$ 为板料厚度。相对弯曲半径 $r/t$ 愈小，弯曲的变形程度愈大，使毛坯外层纤维发生破坏性愈大，容易被弯裂。弯曲过程中，在板料厚度为定值时，弯曲变形主要取决于弯曲件的弯曲半径，相对弯曲半径 $r/t$ 一般小于 3～5。

影响板料最小相对弯曲半径的因素较多，其主要因素如下：

（1）材料的力学性能。材料的塑性愈好，其伸长率 $\sigma$ 值愈大。其最小相对弯曲半径愈小。

（2）弯曲件角度。弯曲件角度愈大，最小相对弯曲半径 $r/t$ 愈小。这是因为在弯曲过程中，毛坯的变形并不是仅局限在圆角变形区。由于材料的相互牵连，其变形扩展到圆角附近的直边部分，扩大了弯曲变形区范围，降低了圆角处应变的最大值。使最小相对弯曲半径减小。弯曲件角度愈大，圆角中段应变大小的降低愈明显，所以，允许的最小相对弯曲半径 $r/t$ 愈小。

（3）板料宽度的影响。对于窄板（$b/t \leqslant 3$）弯曲，在板料宽度方向的应力为零。宽度方向的材料流动不受约束，自动缓解外侧由于拉应力使得材料变疏状态，因此，可使最小相对弯曲半径减小。

（4）板料的热处理状态。经退火的板材塑性好，最小相对弯曲半径 $r/t$ 较小。冷作硬化的板材塑性降低，最小相对弯曲半径 $r/t$ 变大。

（5）板料的边缘状况及表面状况。由于下料，造成板料边缘冷作硬化、产生毛刺以及板料表面被划伤等缺陷，弯曲时导致产生附加拉伸应力而增加破裂倾向，致使最小相对弯曲半径增大。为避免此种情况出现，可去除大毛刺，而将较小毛刺一面滞留在弯曲内侧。

（6）相对于板料的弯曲方向。板料经过辗压后产生了纤维状组织，这种纤维状组织状态具有各向异性的机械性能。沿纤维方向的力学性能较好，抗拉强度较高，不易拉裂。因此，当折弯线与纤维组织方向垂直时，最小相对弯曲半径 $r/t$ 数值最小，平行时最大。为了获得较小的弯曲半径，应使折弯线和辗压方向垂直。当弯曲件具有两个折弯线且相互垂直时，要避免使折弯线平行于纤维方向，而应使折弯线与纤维方向保持一定的角度。

3. 弯曲件的回弹

塑性弯曲和任何一种塑性变形过程一样，都伴随着弹性变形。外加弯矩卸去以后，板料产生弹性恢复，消除一部分弯曲变形的效果，使弯曲件的形状和尺寸发生与加载时变形方向相反的变化，这种现象称为回弹。回弹使工件形状、尺寸与模具的形状、尺寸不一致，从而损害弯曲件的质量。

影响弯曲件回弹的因素较多，其主要因素如下。

（1）材料的机械性能。回弹的大小与材料的屈服强度 $\sigma_s$ 成正比，与弹性模量 $E$ 成反比，即 $\sigma_s / E$ 越大，则回弹越大。在材料性能不稳定时，回弹值也不稳定。

（2）材料的最小相对弯曲半径 $r/t$。当其他条件相同时，回弹角随最小相对弯曲半径 $r/t$ 值的增大而增大。因此，可按最小相对弯曲半径 $r/t$ 值来确定回弹角的大小。

（3）弯曲工件的形状。一般 U 形工件比 V 形工件回弹要小。回弹量与工件弯曲半径也有关，当比值 $R/t$ ＜ 0.2～0.3 时，则回弹角可能为零，甚至达到负值。

（4）模具间隙。U 形弯曲模的凸、凹模单边间隙 $Z/2$ 越大，则回弹越大；$Z/2$ ＜ $t$ 时，可能产生负回弹。

（5）校正力。增加校正力可减小回弹量。板料弯曲时，弯曲部位受到拉伸或压缩应力与板厚方向的压应力的合成，可使材料内的实际应力达到屈服点，可将板料弯曲的弹性变形变为塑性变形而减少回弹。

如前所述，回弹大小与弯曲的方法及模具结构等因素有关，要完全消除回弹是极其困难的，生产中可以采用某些措施来减小或补偿由于回弹所产生的误差，以提高弯曲件的精度。

影响最小相对弯曲半径、弯曲件回弹值大小的因素很多，它们对弯曲工艺的实施影响很大，并且与模具结构相关。因此，他们是弯曲工艺和弯曲模具设计中一个非常重要的问题。

### 2.3.2　弯曲模

#### 1. 弯曲模的分类

弯曲模的结构形式很多，分类方法也较多。通常按弯曲件形状分为 V 形件、U 形件、L 形件、Z 形件、圆圈形状弯曲模。按弯曲角度多少分为单角弯曲、双角弯曲、四角弯曲模等形式。按组合形式分为单工序弯曲模、多工序弯曲模。按结构复杂程度又分为简单弯曲模、复杂弯曲模。

#### 2. 弯曲模的典型结构

（1）V 形件弯曲模。V 形件弯曲模也是单角弯曲模，大部分没有模架。如图 2-19 所示为通用 V 形件弯曲模。该模具由凸模 1，凹模 4，定位板 3，顶杆 2 等组成。工作时，毛坯放在定位板 3 上，在凸模 1 的作用下，毛坯沿着凹模 4 圆角滑动，同时顶杆向下运动，并压在弹簧上直至毛坯弯曲成形。

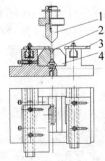

**图 2-19　通用 V 形件弯曲模**

1—凸模　2—顶杆　3—定位板　4—凹模

该模具结构简单，制造容易，对于板料厚度偏差要求不严。定位板 3 可以根据零件的尺寸大小而调节；凹模 4 有四种不同的弯曲角度，可以弯曲不同角度的 V 形件。在弯曲终了时，可以得到不同程度的校正。但该模具生产效率低，适用批量较小的弯曲件生产。

（2）U 形件弯曲模。U 形件弯曲模也称双角模，如图 2-20 所示。压弯时顶板将毛坯顶着施加压力，防止毛坯侧移，弯曲后将毛坯顶起。图 2-21 所示列出几种不同结构形式 U 形件弯曲模。每种结构形式都有自己的特点与用途。

图 2-21a 为无顶件块结构形式。主要用于底面无平面度要求的零件。该模具结构简单，制造容易，但弯曲件精度较低；图 2-21b 为弯曲终了时底部能得到校正的结构形式，弯曲件精度比图 2-21a 精度高。图 2-21c 所示，为中凸模是分体活动式结构形式。凸模尺寸可以根据板料厚度进行调整。也可以校正底部及两个侧壁；该模具结构较复杂，制造相对费时，成本较高，凸模的强度受到一定的影响。主要用于外侧尺寸要求较高的零件。图 2-21d 为凹模分体活动式结构，该模具主要是应用于内侧尺寸要求较高的零件；零件精度较高，底部和侧壁都能得到校正，同样凹模的强度不如整体式好；其他同上。图 2-21e 是 U 形件精弯曲模，弯曲件质量、精度都很高。原因就是由于凹模为活动式的，活动凹模与板料之间无相对滑动，不会损坏零件表面，所以弯曲件质量高。图 2-21f 为变薄弯曲模，凸凹模间隙比板料厚度小，弯曲时材料被弯曲的同时，还要受到挤压，所以弯曲力不但增大，也容易使零件表面划伤甚至断裂。模具需要有足够的强度。

图 2-22 为 U 形杆件弯曲模。圆杆型材弯曲时，为了防止毛坯在弯曲中偏移和圆杆截面发生变形，凸模 1 工作面和滚轮凹模 2 圆柱面上都开有圆杆的半圆形槽。

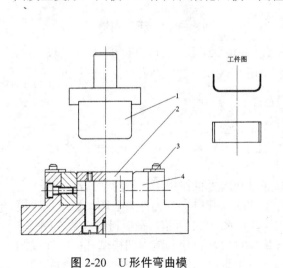

图 2-20 U 形件弯曲模

1—凸模　2—顶杆　3—定位板　4—凹模

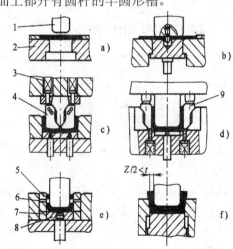

图 2-21 U 形件弯曲模

1—凸模　2—凹模　3—弹簧　4—凸模活动镶块
5、9—凹模活动镶块　6—定位销　7—转轴　8—顶板

（3）Z形件弯曲模。此类弯曲件两个直边的弯曲方向相反，模具结构必须有向两个相反方向弯曲的动作。这种模具结构复杂，制造相对困难，成本也就较高，但只要结构合理，安排工序得当。就会得到很好的综合效益。具体结构如图 2-23 所示，弯曲前，在橡胶 2 作用下，凸模 3 和 7 的端面是平齐的。弯曲时，凸模 3 下行和板料接触，凸模 3 与顶块 9 将板料毛坯夹紧。由于下模板下的弹顶装置的弹力大于托板 8 上橡胶的弹力，随着上模下行，凸模 7 相对于凸模 3 发生相对运动，使工件右端先弯曲成形。当压块 1 接触到凸模固定板中的镶块 6 时，整个上模部分将推动顶块向下运动，从而使工件左端弯曲成形。当顶块与下模板相碰时，整个工件得到校正。所以该模具适用于弯曲件形状简单，精度较低的零件弯曲。

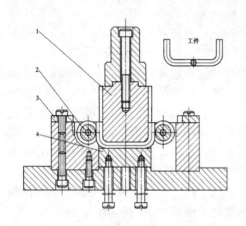

图 2-22　U形圆杆件弯曲模

1—凸模　2—镶轮凹模　3—定位板　4—顶板

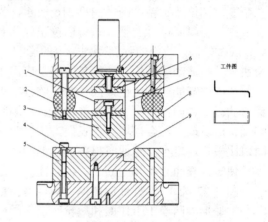

图 2-23　Z形件弯曲模

1—压块　2—橡胶　3—凸模Ⅱ　4—定位板

5—凹模　6—镶块　7—凸模Ⅰ　8—托板　9—顶板

# 2.4　拉　深

拉深（又称引伸、拉延或压延）是利用拉深模在压力机作用下，把剪裁或冲裁成一定形状的板料毛坯，利用拉深模冲压成开口空心工件或以开口空心工件为毛坯，通过拉深模进一步使空心件毛坯改变形状和尺寸的冲压工序，如图 2-24 所示。平板材料 3 放在凹模 5 上。凸模 1 在压力机的作用下下行，凸模底端压住材料，迫使其滑向凹模型孔内拉深成制件 4。模具的工作部分没有锋利的刃口，而是有一定半径的圆角，凸模和凹模之间的间隙略大于材料厚度。在图中还设置了压边圈 2，在拉深时，压边圈与凹模将材料压住，材料只能在压边圈与凹模之间移动，其作用是在拉深时防止材料起皱。

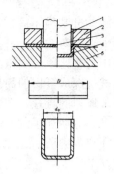

图 2-24　拉深加工示意图

1—凸模　2—压边圈　3—板料　4—工件　5—凹模

由于拉深能加工出薄壁壳体零件，因此广泛应用于电子、电器、航空、仪表、汽车等各种工业部门和日用品生产中。各种拉深件如图 2-25 所示。

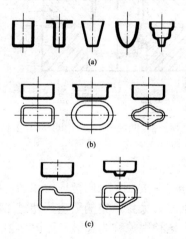

图 2-25　各种拉深件

（a）旋转体零件　　（b）对称盒形件　　（c）不对称复杂零件

## 2.4.1　拉深工艺

拉深圆筒形零件是最简单、最典型的，圆筒形零件的拉深工艺特点如下。

### 1. 拉深过程

拉深所用的模具一般由凸模、凹模和压边圈（有时可不带压边圈）3 部分构成。如图

2-26 所示。其凸模和凹模的结构和形状与冲裁模不同，它们的工作部分没有锋利的刃口，而是做成圆角。凸模与凹模的间隙稍大于板料的厚度。拉深开始时，平板坯料同时受凸模压力和压边圈压力的作用，其凸模的压力要比压边圈压大得多。坯料受凸模向下的压力作用，随凸模进入凹模，最后使得坯料被拉深成开口的筒形件。

在拉深的过程中，由于凹模口小于坯料的直径，因此坯料的一部分材料在拉深过程中产生塑性流动而转移，这部分材料除一部分增加了制件的高度外，另一部分则增加了筒壁的厚度。由此看来，拉深过程是由于坯料受力所引起的金属内部相互作用，使金属在每一小单元体之间都产生内应力，在内应力作用下，发生了应变状态，使得材料发生塑性变形，而不断地拉入凹模内，最后成为筒形件。

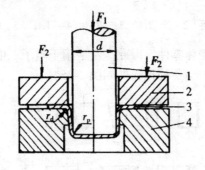

图 2-26　拉深过程

1—凸模　2—凹模　3—压边圈　4—工件

**2. 拉深过程的障碍**

（1）起皱。拉深时凸缘部分材料主要受径向拉应力和切向压应力的作用而发生塑性变形，并流入凹模内。如果切向压应力大到一定的数值，超过了材料抗失稳的能力，凸缘部分的材料就会失稳而弯曲隆起，这种现象称为起皱，如图 2-27。由于切向压应力在凸缘的外边缘为最大，故起皱首先在最外边缘出现。

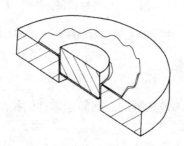

图 2-27　起皱

　　起皱是拉深工艺中产生废品的主要原因之一，它不仅影响工件的质量，而且严重时还会由于起皱边缘不能通过拉深模间隙而造成工件拉破。因此在正常拉深工作中起皱是不允许的。

　　拉深中起皱现象是否发生，主要取决于毛坯相对厚度 $t/D$ 以及拉深变形程度的大小。如果毛坯相对厚度较小，拉深变形程度又较大，起皱就会发生。生产中可以利用压边圈的压力来压住凸缘部分的材料，防止起皱。

　　必须指出，拉深过程中导致凸缘失稳起皱的切向压应力和凸缘抗失稳起皱的能力都是变化的。随着拉深过程的进行，切向压应力不断增加，同时凸缘变形区不断减小，厚度增加，因而抗失稳起皱能力增强。这两方面的因素相互消长，结果使得凸缘最易起皱的时刻发生在拉深过程的中间阶段，即凸缘宽度收缩至一半左右时。

　　（2）材料厚度变化不均匀。用拉深方法制作的圆筒形件，其筒壁厚度是不均匀的，见图 2-28。圆筒形件筒壁上部材料是从凸缘处转化而来的，由于凸缘在变形时各处厚度增大不均匀，一般越接近凸缘外边缘，材料变厚量越大，因此凸缘转化为筒壁后，就形成了圆筒形件口部材料，变厚最大，往下变厚量逐渐减小的现象。圆筒形件底部圆角处材料，在拉深过程中受到凸模圆角的顶压和弯曲作用，并在整个拉深过程中一直受到拉力，因此变薄最大。在材料变薄最大的区域内，尤以侧壁和底部圆角相切处最为严重。在拉深工艺中，把这一变薄最严重的部位称为危险断面。

　　（3）材料硬化不均匀。毛坯经过拉深后发生了塑性变形，引起了冷作硬化。由于圆筒形件各部分塑性变形的程度不一样，因此冷作硬化的程度也不一样，见图 2-28。圆筒形件口部切向压缩变形最大，冷作硬化严重，往下硬化程度则降低。在接近筒壁底部时，由于切向压缩变形较小，故冷作硬化最小，材料的屈服极限和强度较低，这是危险断面产生的又一个原因。

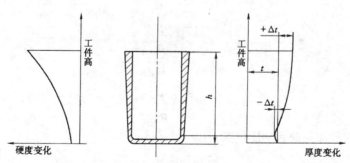

图 2-28　拉深件厚度及硬化不均匀

　　（4）拉破。在拉深过程中，如果筒壁传力区的径向拉应力太大，超过了危险断面处材料的强度极限，就会产生拉破现象（见图 2-29）使拉深件报废。因此拉破和起皱一样，成为拉深工艺的主要障碍之一。为了防止拉深件破裂，必须严格控制拉深变形程度。

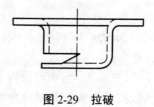

**图 2-29 拉破**

3. 拉深系数

拉深过程的变形特点是从坯料的大断面积变成小断面积的筒形件。所谓拉深系数($m$)，即拉深后工件的直径 $d$ 与拉深前毛坯（半成品）的直径 $D$ 之比，即 $m=d/D$，它表示了拉深过程中材料的变形程度，拉深系数越小，拉深时材料的变形程度就越大。材料的拉深系数的最小值反映了材料的最大变形程度，该最小数值称为极限拉深系数。生产中，确定拉深系数对拉深工艺有重要意义。

部分拉深件只需一次拉深就能成形，拉深系数就是拉深件筒部直径 $d$ 与毛坯直径 $D$ 的比值，即

$$m = \frac{d}{D}$$

部分拉深件需要经过多次拉深才能最终成形，如图 2-30 所示，各次拉深的拉深系数分别为：

$$m_1 = \frac{d_1}{D}$$

$$m_2 = \frac{d_2}{d_1}$$

$$\cdots\cdots$$

$$m_{n-1} = \frac{d_{n-1}}{d_{n-2}}$$

$$m_n = \frac{d_n}{d_{n-1}}$$

如果第 $n$ 次拉深为最后一次拉深，则

$$m_n = \frac{d_n}{d_{n-1}}$$

$$= \frac{d}{d_{n-1}}$$

式中 $m_1$、$m_2$、$\cdots$、$m_{n-1}$、$m_n$——各次拉深的拉深系数；

$d_1$、$d_2$、……、$d_{n-1}$、$d_n$——各次拉深后的半成品或拉深件筒部直径（mm）；

　　　　　　　　　　$D$——毛坯直径（mm）；

　　　　　　　　　　$d$——拉深件筒部直径（mm）；

多次拉深的总拉深系数 $m$ 为：

$$m = m_1 m_2 \cdots m_{n-1} m_n = \frac{d_1}{D} \times \frac{d_2}{d_1} \times \ldots \times \frac{d_{n-1}}{d_{n-2}} \times \frac{d_n}{d_{n-1}}$$

$$= \frac{d_n}{D} = \frac{d}{D}$$

从降低拉深件生产成本，提高经济效益出发，在制定拉深工艺时，拉深的次数越少越好，这就希望尽可能地降低每一次拉深的拉深系数。但是，对于某一次拉深量而言，拉深系数不能无限制地减小。这是因为，对于某一种材料，当拉深条件一定时，筒壁传力区中所产生的最大拉应力 $p_{max}$ 的数值，是由变形程度即拉深系数的大小决定的。$m$ 值越小，则变形程度越大，$p_{max}$ 值越大。当 $m$ 值减小到某一数值时，将使 $p_{max}$ 值达到危险断面的抗拉强度 $\sigma_b$，从而导致危险断面拉裂。我们把某种材料在拉伸时危险断面濒于拉裂这种极限条件所对应的拉深系数称为这种材料的极限拉深系数（或称最小拉深系数），记为 $m_{min}$。

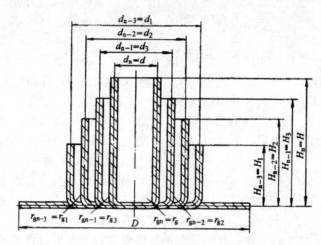

**图 2-30　无凸缘圆筒形的多次拉深**

**4. 影响极限拉深系数的因素**

极限拉深系数的数值，取决于筒壁传力区的最大拉应力和危险断面的强度。凡是能够使筒壁传力区的最大拉应力减小，或使危险断面强度增加的因素，都有利于减小极限拉深系数。

（1）材料的力学性能。材料的力学性能指标中，影响极限拉深系数的主要是材料的强化率（$\sigma_s / \sigma_b$、$n$、$D$ 等）和厚向异性指数（$r$）。材料的强化率越高（$\sigma_s / \sigma_b$ 比值越小 $n$、

$D$ 值越大），则筒壁传力区最大拉应力的相对值越小，同时材料越不易产生拉伸缩颈，危险断面的严重变薄和拉断相应推迟。因此，强化率越高的材料，其极限拉深系数的数值也就越小。厚向异性指数越大的材料，厚度方向的变形越困难，危险断面越不易变薄、拉断，因而极限拉深系数越小。

（2）模具几何参数。凸模圆角半径 $r_p$ 的大小对于筒壁传力区的最大拉应力影响不大，但对危险断面的强度有较大影响。$r_p$ 过小，将使材料绕凸模弯曲的拉应力增加，危险断面的变薄量增加。$r_p$ 过大，将会减小凸模端面与材料的接触面积，使传递拉深力的承载面积减小，材料容易变薄，同时板料的悬空部分增加，易于产生内皱（在拉伸凹模圆角半径 $r_d$ 以内起皱）。

凹模圆角半径 $r_d$ 过小，将使凸缘部分材料流入凸、凹模间隙时的阻力增加，从而增加筒壁传力区的拉应力，不利于减小极限拉深系数。但是 $r_d$ 过大，又会减小有效压边面积，使凸缘部分材料容易失稳起皱。

由于凸缘区材料在流向凸、凹模间隙时有增厚现象，当凸、凹模间隙过小时，材料将受到过大的挤压作用，并使摩擦阻力增加，不利于减小极限拉深系数。但是间隙过大会影响拉深件的精度。

（3）压边条件。压边力过大，会增加拉深阻力。但是如果压边力过小，不能有效防止凸缘部分材料起皱，将使拉深阻力剧增。因此，在保证凸缘部分材料不起皱的前提下，尽量将压边力调整到最小值。

（4）摩擦和润滑条件。凹模和压边圈的工作表面应比较光滑，并在拉深时用润滑剂进行润滑。在不影响拉深件表面质量的前提下，凸模工作表面可以作得比较粗糙，并在拉深时不使用润滑剂。这些都有利于减小拉深系数。

（5）毛坯的相对厚度。毛坯的相对厚度。$(t/D) \times 100$ 的值越大，则拉深时凸缘部分材料抵抗失稳起皱的能力越强，因而可以减小压边力，减小摩擦阻力，有利于减小极限拉深系数。

（6）拉深次数。由于拉深时材料的冷作硬化使材料的变形抗力有所增加，同时危险断面的壁厚有减薄，因而后一次拉深的极限拉深系数应比前一次的大。通常第二次拉深的拉深系数要比第一次的大得多，而以后各次则逐次略有增加。

（7）拉深件的几何形状。不同几何形状的拉深件在拉深变形过程中各有不同的特点，因而极限拉深系数也不同。例如，带凸缘拉深件首次拉深的极限拉深系数比无凸缘拉深件首次拉深的极限拉深系数小。

## 2.4.2 拉深模

### 1. 拉深模的分类

拉深模的结构，是根据拉深件的几何尺寸、尺寸精度、材料、产量和所使用的压力机来确定的。拉深模一般比较简单。一套拉深模，一般只能完成一次拉深，故它属于单工序模。按工艺顺序可分为首次拉深模和以后各次拉深模；按有、无压边装置可分为无压边圈拉深模和有压边圈拉深模；按使用压力机类型不同，可分为单动压力机上用拉深模和双动压力机拉深模；按拉深方向分为正向拉深模和反向拉深模以及双向都有的双向拉深模。

**2. 拉深模的典型结构**

（1）首次拉深模。图 2-31 所示为不带压边装置的首次拉深模。工作时，毛坯放置在定位圈 2 内定位，凸模 1 下行进行拉深。拉深完成后，凸模回升，弹性卸料器将拉深件从凸模上卸下。该模具结构简单，适用于不需要压边的首次拉深模。凸模上开设通气孔，目的是便于将拉深件从凸模上卸下，并防止卸件时拉深件变形。

图 2-32 所示为带压边装置的首次拉深模。毛坯放在压边圈 3 的定位孔内，上模下行时，先由压边圈和凹模 1 一起完成压边，然后进行拉深。拉深完成后，上模回升，压边圈起顶件作用，使拉深件脱离凸模 4，留在凹模中的拉深件则由推块 2 推出凹模。该模具采用倒装结构，由安装在下模座上的弹顶器或气垫提供压边力，能够获得较大的压边力，并且便于调整压边力的大小。

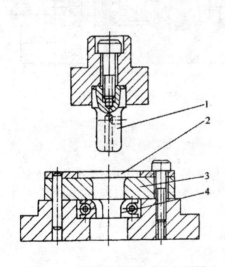

图 2-31　不带压边圈的首次拉深模

1—凸模　2—定位圈　3—凹模　4—弹性卸料环

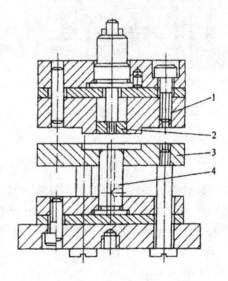

图 2-32　带压边圈的首次拉深模

1—凹模　2—推块　3—压边圈　4—凸模

（2）以后各次拉深模。图 2-33 所示为以后各次拉深模。前次拉深得到的半成品由压边圈 6 的外圆定位，上模下行时，先由压边圈和凹模 3 完成压边，然后进行拉深。拉深完成后，上模回升，压边圈顶件，推块 1 推件。

（3）落料拉深复合深模。图 2-34 所示为落料拉深复合模。条料送进时，由挡料销 1 定位。上模下行，先由凸模 2 和落料凹模 6 完成落料，再由凸凹模和拉深凸模 7 完成拉深。拉深时，顶块 5 起到压边圈的作用。拉深完成后，上模回升，卸料板 4 卸料，顶块 5 顶件，推块 3 推件。

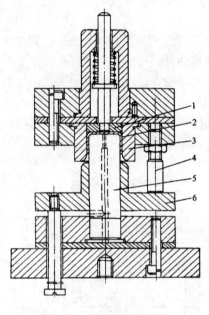

图 2-33  以后各次拉深模

1—推块  2—拉深件  3—凹模
4—限位柱  5—凸模  6—压边圈

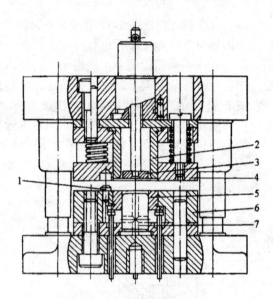

图 2-34  落料拉复合深模

1—挡料销  2—凸凹模  3—推块  4—卸料板
5—顶块  6—落料凹模  7—拉深凸模

设计落料拉深复合模时应注意：拉深凸模的工作端面一般应比凹模的工作端面低一个料厚，保证落料完成后再进行拉深；选用压力机时应校核压力机的行程负荷曲线；应有足够的壁厚（按落料冲孔复合模的要求校核）。

# 2.5  成  形

成形是指用各种局部变形的方式来改变工件坯料形状的各种加工方法。冷冲压成形类工序除弯曲、拉深外，还有其他工序，如胀形、缩口、翻边、卷边等。它们是将经过冲裁、弯曲、拉深加工后的半成品，或经过其他方法加工后的坯料再进行冲压。

　　成形模是将冲裁、弯曲或拉深等工序加工出来的坯件使其进一步变形后，形成所要求的零件制品所用的模具。

## 2.5.1　成形工艺

### 1. 起伏

　　使毛坯的局部材料产生凹进或凸起的冲压方法称为起伏。凹进或凸起变形是通过材料的局部变薄伸长而得到的，图 2-35 是一个起伏胀形的产品。起伏胀形的主要破坏形式是材料局部变薄太大造成胀破。起伏胀形后的工件可以增加刚性和表面美观，或满足一些设计上的要求。例如圆柱形空心毛坯胀形是将直径较小的圆管或拉深件毛坯由内向外膨胀，使直径增大的冲压方法。如图 2-36 所示胀形工件胀形时材料双向受拉，厚度减薄，如果变形太大，材料容易胀破。

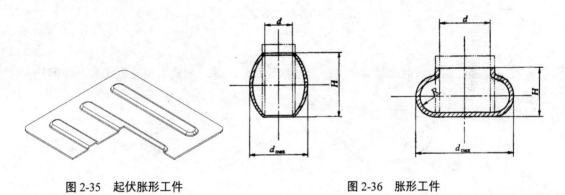

图 2-35　起伏胀形工件　　　　　　　　　　　图 2-36　胀形工件

### 2. 缩口

　　将圆管或筒形拉深件口部直径缩小的冲压方法称为缩口，如图 2-37 缩口时，变形区材料受切向压应力的作用产生压缩变形，因此缩口口部失稳起皱，此外筒壁由于承受全部缩口压力，也容易产生失稳变形。缩口的变形程度用缩口系数 $K_s$ 来表示：

$$K_s = d/D$$

式中：$d$——缩口后的直径；

　　　　$D$——缩口前的直径。

　　影响缩口系数的因素有许多。例如材料的塑性好、厚度大，凹模表面光洁，模具具有防筒壁失稳的支承结构等，都可以使缩口系数减小。

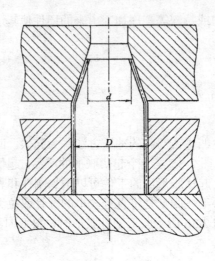

图 2-37　缩口

3.　翻边

将半成品孔或边缘翻成竖边的冲压方法称为翻边。翻边形式有内孔翻边和外缘翻边，见图 2-38。

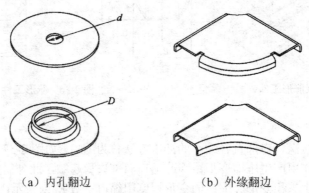

（a）内孔翻边　　　　　　　　（b）外缘翻边

图 2-38　翻边的形式

常见圆孔翻边，圆孔翻边时材料沿圆周的切向产生拉伸变形，并使材料厚度变薄，越靠近口部变形量越大，当变形超过一定程度时，孔的边缘就会被拉破。圆孔翻边的变形程度用翻边系数 $K_f$ 来表示：

$$K_f = d/D$$

式中　　$d$——预冲孔直径；

　　　　$D$——翻边后孔的直径。

影响翻边系数的因素有很多，例如材料的塑性越好、相对厚度越大、预冲孔表面质量越好，翻边系数就越小。

### 4. 卷边

将拉深件的口部边缘卷成圆弧形状的冲压方法称为卷边。卷边除了增加零件美观外，还可以防止拉深件边缘的冲裁毛刺划伤人或物。如图 2-39 为卷边工件。

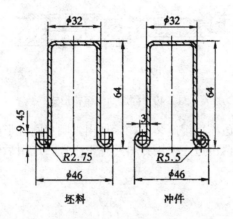

图 2-39　卷边工件

成形工艺包括的内容还有许多，仅从变形特点看，这些工序的变形性质是各不相同的，他们有些与弯曲相似，有些则与拉深相似。尽管各工序有各自不同的变形特点，但它们之间又是相互关联的。比如局部成形的胀形工序和内孔翻边，主要是受拉应力作用而变形，工件常因拉裂而造成废品；而缩口和外缘翻边等工序，则主要是受压应力而变形，工件又常因起皱而造成废品；同时这些成形工序往往又与落料、冲孔、弯曲、拉深等工序相组合，可制成形状相当复杂的工件，这些工件的变形方式更加复杂。因此，在分析这些成形工序时，不能孤立地从一方面去考虑其变形过程，而应从多种面因素去分析和研究，从而进一步摸清其变形特点和规律，针对存在的问题，采取相应措施加以解决。

## 2.5.2　成形模

成形模的分类是按其成形工艺来划分的。如内孔翻边模的结构与一般拉深模相似，所不同的是翻边凸模圆角半径一般较大，经常做成球形或抛物面形，以利于变形。

现以翻边模为例，介绍成形模具。图 2-40 是几种常见圆孔翻边模的凸模形状和尺寸。其中图 2-40a 可用于小孔翻边（竖边内径 $d \leqslant 4$ mm；图 2-40b 用于竖边内径 $d \leqslant 10$ mm 的翻边；图 2-40c 适用于 $d \geqslant 10$ mm 的翻边；图 2-40d 可对不用定位销的任意孔翻边。

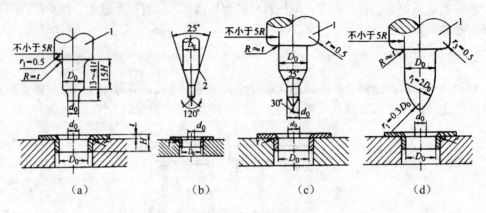

图 2-40　翻边凸模结构形式

　　为便于坯件定位，翻边模采用倒装结构，使用大圆角圆柱形翻边凸模，坯件孔套在定位销上定位，靠标准弹顶器压边，采用打料杆打下工件，选用后侧滑动导柱、导套模架。翻边模如图 2-41 所示。

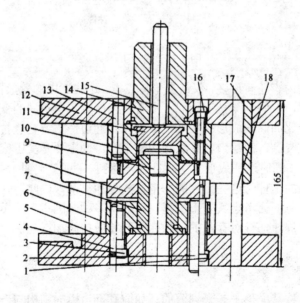

图 2-41　翻边模

1—卸料螺钉　2—顶杆　3、16—螺栓　4、13—销钉　5—下棋座　6—翻边凸模固定板
7—翻边凸模　8—托料板　9—定位钉　10—翻边凸模固定板　11—打件器
12—下棋座　14—模柄　15—打料杆　17—导套　18—导柱

# 2.6  汽车覆盖件

　　汽车覆盖件（以下简称覆盖件）是指构成汽车车身或驾驶室、覆盖发动机和底盘的薄金属板料制成的异形体表面和内部零件。如轿车的挡泥板、顶盖、车门外板、发动机盖、水箱盖、行李箱盖等，如图 2-42 所示。除汽车外拖拉机、摩托车、部分燃气灶面等也有覆盖件。由于覆盖件的结构尺寸较大，所以也称为大型覆盖件。与一般冲压件相比较，具有材料薄、形状复杂、结构尺寸大、多为空间曲面、表面质量要求高及生产成本高等特点。在覆盖件的冲压工艺设计、模具设计和模具制造工艺上，也具有独自的特点，一般冲压工艺设计上需要经过多道工序（如拉深、冲孔修边、翻边、整形等）的冲压才能完成；汽车覆盖件模具要求汽车覆盖件模具加工周期更短，加工精度更高；覆盖件组装后构成了车身或驾驶室的全部外部和内部形状，它既是外观装饰性的零件，又是封闭薄壳状的受力零件，覆盖件的制造是汽车车身制造的关键环节，目前，龙门数控铣床、五面数控铣床、高速数控铣床、龙门三坐标测量机、三维五轴激光切割机以及研配压床等为重点需求的加工设备。

（a）轿车覆盖件组合图　　　　　（b）轿车部分覆盖件解图

**图 2-42　轿车覆盖件图**

　　覆盖件的结构特征，决定了其成形过程中的变形特点，按覆盖件功能和部位可分为外部覆盖件、内部覆盖件和骨架类覆盖件 3 类。外部覆盖件和骨架类覆盖件的外观质量有特殊要求，内部覆盖件的形状往往更复杂。按覆盖件成形外形特征、变形量大小、变形特点以及对材料性能的不同要求可分为深拉深成形、胀形拉深成形、浅拉深成形、弯曲成形和翻边成形 5 类。各种覆盖件的基本形状如图 2-43 所示。

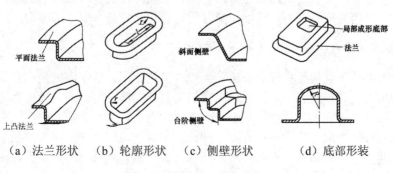

（a）法兰形状　　（b）轮廓形状　　（c）侧壁形状　　（d）底部形装

**图 2-43　覆盖件的基本形状**

### 2.6.1　覆盖件的成形工艺

**1. 覆盖件成形特点**

由于覆盖件有形状复杂、表面质量要求高等特点，其与普通冲压加工相比有如下成形特点。

（1）汽车覆盖件冲压成形时，内部的毛坯不是同时贴模，而是随着冲压过程的进行而逐步贴模。这种逐步贴模过程，使毛坯保持塑性变形所需的成形力不断变化；毛坯各部位板面内的主应力方向与大小、板平面内两主应力之比等受力情况不断变化；毛坯（特别是内部毛坯）产生变形的主应变方向与大小、板平面内两主应变之比等变形情况也随之不断地变化；即：毛坯在整个冲压过程中的变形路径不是一成不变的，而是变路径的。

（2）成形工序多。覆盖件的冲压工序一般要4～6道工序，多的有近10多道工序。要获得一个合格的覆盖件，通常要经过下料、拉深、修边（或有冲孔）、翻边（或有冲孔）、冲孔等工序才能完成。拉深、修边和翻边是最基本的3道工序。

（3）覆盖件拉深往往不是单纯的拉深，而是拉深、胀形、弯曲等的复合成形。不论形状如何复杂，常采用一次拉深成形。

（4）由于覆盖件多为非轴对称、非回转体的复杂曲面形状零件，拉深时变形不均匀，主要成形障碍是起皱和拉裂。为此，常采用增加工艺补充面和拉深筋等控制变形的措施。

（5）对大型覆盖件拉深，需要较大和较稳定的压边力。所以，广泛采用双动压力机。

（6）材料多采用如08钢等冲压性能好的钢板，且要求钢板表面质量好、尺寸精度高。

（7）制定覆盖件的拉深工艺和设计模具时，要以覆盖件图样和主模型为依据。覆盖件图样是在主图样板的基础上绘制的，在覆盖件图样上只能标注一些主要尺寸，以满足与相邻的覆盖件的装配尺寸要求和外形的协调一致，尺寸一般以覆盖件的内表面为基准来标注。主模型是根据定型后的主图板、主样板及覆盖件图样为依据制作的尺寸比例为1：1的汽车外形的模型。它是模具、焊装夹具和检验夹具制造的标准，常用木材和玻璃钢制作。主模型是覆盖件图必要的补充，只有主模型才能真正表示覆盖件的信息。

（8）由于覆盖件形状复杂，多为非轴对称、非回转体的复杂曲面形状零件，因而决定了覆盖件拉深时的变形不均匀，所以拉深时的起皱和开裂是主要成形障碍。

**2. 覆盖件的冲压工艺**

覆盖件的冲压工艺包括拉深、修边、翻边等多道工序，各工序间是相互关联的，在确定覆盖件冲压方向和拉深工序工艺处理的增加工艺补充部分时，还要考虑修边、翻边时工序件的定位和各工序件的其他相互关系等问题。

（1）确定冲压方向。确定冲压方向，冲压方向应从拉深工序开始，然后制定以后各工序的冲压方向。应尽量将各工序的冲压方向设计成一致，这样可使覆盖件在流水线生产过程中不需要进行翻转，便于流水线作业，减轻操作人员的劳动强度，提高生产效率，也有利于模具制造。

① 拉深方向的选择。所选的拉深方向是否合理，将直接影响凸模能否进入凹模、毛坯的最大变形程度、是否能最大限度地减少拉深件各部分的深度差、变形是否均匀、能否充分发挥材料的塑性变形能力、是否有利于防止破裂和起皱，同时还影响到工艺补充部分的多少，以及后续工序的方案。所以拉深方向的选择要保证能将拉深件的所有空间形状（包括棱线、肋条、和鼓包等）一次拉深出来，不应有凸模接触不到的死角或死区，要保证凸模与凹模的工作面的所有部位都能够接触；有利于降低拉深件的深度；尽量使拉深深度差最小，以减小材料流动和变形分布的不均匀性；保证凸模开始拉深时与拉深毛坯有良好的接触状态，开始拉深时凸模与拉深毛坯的接触面积要大，接触面应尽量靠近冲模中心。

② 修边方向的确定及修边形式。所谓修边就是将拉深件修边线以外的部分切掉，理想的修边方向，是修边刃口的运动方向和修边表面垂直。若修边是在拉深件的曲面上，必须允许修边方向与修边表面有一个夹角。该夹角的大小一般不应小于求 10°，如果太小，材料不是被切断而是被撕开，严重的会影响修边质量。

修边形式可分为垂直修边、水平修边和倾斜修边三种，如图 2-44 所示。当修边线上任意点的切线与水平面的夹角。小于 30° 时，采用垂直修边。由于垂直修边模具结构最为简单，废料处理也比较方便，所以在进行工艺设计时应优先选用。拉深件的修边位置在侧壁上时，由于侧壁与水平面的夹角较大，为了接近理想的冲裁条件，故采用水平修边。凸模（或凹模）的水平运动可通过斜滑块机构或加装水平方向运动的液压来实现。所以模具的结构比较复杂。由于修边形状的限制，修边方向需要倾斜一定的角度，这时只好采用倾斜修边。倾斜修边模的结构也是采用斜滑块机构或加装水平方向运动的液压来实现。

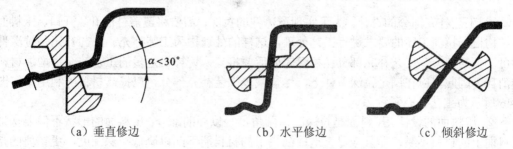

（a）垂直修边　　　　（b）水平修边　　　　（c）倾斜修边

图 2-44　修边形式示意图

③ 翻边方向的确定及翻边形式。翻边工序对于一般的覆盖件来说是冲压工序的最后成形工序，翻边质量的好坏和翻边位置的准确度，直接影响整个汽车车身的装配和焊接的质量。合理的翻边方向应满足翻边凹模的运动方向和翻边凸缘、立边相一致；翻边凹模的运动方向和翻边基面垂直两个条件。对于曲面翻边，翻边线上包含了若干段不同性质的翻边，要同时满足以上两个条件是不可能的。对于曲面翻边方向的确定，要考虑使翻边线上任意点的切线尽量与翻边方向垂直；使翻边线两端连线上的翻边分力尽量平衡两个问题。

　　按翻边凹模的运动方向，翻边形式可分为垂直翻边、水平翻边。和倾斜翻边三种，如图 2-45 所示。图 2-45a、2-45b 为垂直翻边；图 2-45d、2-45e 为水平翻边；图 2-45c 为倾斜翻边。

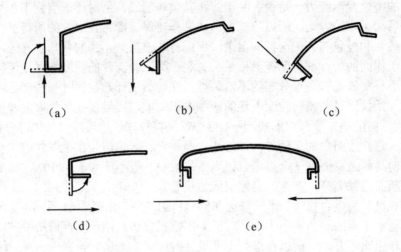

（a）　　　　　　　　　　　　（b）　　　　　　　　　　　　（c）

（d）　　　　　　　　　　　　（e）

**图 2-45　各种典型的覆盖件翻边**

　　（2）拉深工序的工艺处理。拉深件的工艺处理包括设计工艺补充、压料面形状、翻边的展开、冲工艺孔和工艺切口等内容，是针对拉深工艺的要求对覆盖件进行的工艺处理措施。

　　① 工艺补充部分的设计。为了实现覆盖件的拉深，需要将覆盖件的孔、开口、压料面等结构根据拉深工序的要求进行工艺处理，这样的处理称为工艺补充。工艺补充是拉深件不可缺少的部分，工艺补充部分在拉深完成后要将其修切掉，过多的工艺补充将增加材料的消耗。因此，应在满足拉深条件下，尽量减少工艺补充部分，以提高材料的利用率，图 2-46 所示为工艺补充示意图。

　　② 压料面的设计。压料面是拉深凹模圆角半径以外的部分。压料面的形状不但要保证压料面上的材料不皱，而且应尽量造成凸模下的材料能下凹以降低拉深深度，更重要的是要保证拉入凹模里的材料不皱不裂。

　　压料面有两种：一种是压料面就是覆盖件本身的一部分；另一种是由工艺补充部分补充而成。压料面就是覆盖件本身的一部分时，由于形状是既定的，为了便于拉深，虽然其形状能做局部修改，但必须在以后的工序中进行整形以达到覆盖件凸缘面的要求。若压料面是由工艺补充部分补充而成，则要在拉深后切除。

　　③ 工艺孔和工艺切口。在制件上压出深度较大的局部突起或鼓包，有时靠从外部流入材料已很困难，继续拉深将产生破裂。这时，可考虑采用冲工艺孔或工艺切口，以从变形

区内部得到材料补充。如图 2-47 所示。

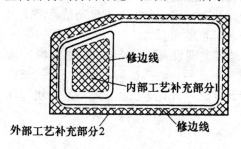

图 2-46  工艺补充示意图

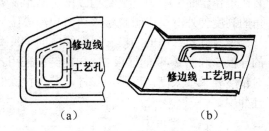

（a）          （b）

图 2-47  工艺孔和工艺切口

工艺孔或工艺切口的位置、大小和形状，应保证不因拉应力过大而产生径向裂口，又不能因为拉应力过小而形成皱纹，缺陷不能波及覆盖件表面。

（3）拉深、修边和翻边工序间的关系。拉深、修边和翻边各工序间是相互关联的。拉深件在修边工序中的定位有用拉深件的侧壁形状定位；用拉深筋形状定位；用拉深时冲压的工艺孔定位三种定位方法，覆盖件的结构不同选用不同的定位方法。

修边件在翻边工序中的定位，一般用工序件的外形、侧壁或覆盖件本身的孔定位。

此外，还要考虑工件的进出料的方向和方式、修边废料的排除、各工序在冲模中的位置等因素。

## 2.6.2  覆盖件成形模具

### 1. 覆盖件成形模的分类

覆盖件成形模具是按冲压工艺的拉深、修边、翻边等成形工序所配备的工艺装备。按成形工序的不同分类方法各异，覆盖件拉深模按设备分为单动压力机拉深模和双动压力机拉深模；覆盖件修边模分为垂直修边模、水平修边模和倾斜修边模；覆盖件翻边模分为垂直翻边模、斜楔翻边模、斜模两面开花翻边模、斜模圆周开花翻边模、斜模两面向外翻边模和内外全开花翻边模等。

### 2. 覆盖件成形模的典型结构

（1）图 2-48 为单动压力机上覆盖件拉深模的典型结构示意图。

单动压力机上覆盖件拉深模的凸模 6 安装在下工作台面上，凹模 1 固定在压力机的滑块上，为倒装结构。压边圈 2 由气顶杆 4 和调整垫 3 所支承，气垫压紧力只能整体调整，压紧力在拉深过程中基本不变，压紧力较小。

图 2-49 所示为双动压力机上覆盖件拉深模的典型结构示意图。

　　双动压力机上覆盖件拉深模的凸模 4 固定在与内滑块相连接的固定座 5 上，凹模 3 安装在工作台面上，为正装结构。压边圈 1 安装在外滑块上，可通过调节螺母调节外滑块四角的高度使外滑块成倾斜状来调节拉深模压料面上各部位的压紧力。

　　覆盖件拉深模的凸模和压料圈之间、凹模和压边圈之间设有导向结构，如图 2-48 所示的导板 5 和图 2-49 的导板 2。导向结构采用各种结构形式的导板或导块，由于一般拉深模对精度要求不太高，可不用导柱，若在拉深的同时还要进行冲孔等工作，则最好导块与导柱并用。

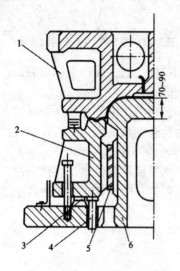

图 2-48　单动压力机上拉深模

1—凹模　2—压边圈　3—调整垫
4—气顶杆　5—导板　6—凸模

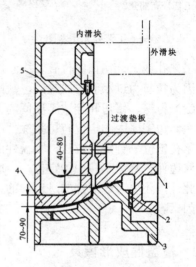

图 2-49　双动压力机上拉深模

1—压边圈　2—导板　3—凹模
4—凸模　5—固定座

　　（2）覆盖件修边模具的典型结构。覆盖件修边模就是特殊的冲裁模，与一般冲孔、落料模的主要区别是：所要修边的冲压件形状复杂，模具分离刃口所在的位置可能是任意的空间曲面；冲压件通常存在不同程度的弹性变形；分离过程通常存在较大的侧向压力等。因此，进行模具设计时，在工艺上和模具结构上应考虑冲压方向、制件定位、模具导正、废料的排除、工件的取出、侧向力的平衡等问题。

　　图 4-50 所示是汽车后门柱外板垂直修边冲孔模。模具的修边凹模 6 安装在上模座上，凸模 12 安装在下模座上。废料刀组 13 顺向布置于修边刃口周圈，用于沿修边线剪断拉深件的废边。卸料板 4 安装于上模腔内，在导板 5 的作用下，沿导向面往复运动。当冲床在上止点时将制件放入凹模，制件依靠周边废料刀及型面定位。机床上滑块下行，卸料板 4 首先将制件压贴在凸模上，弹簧 3 被压缩。当将卸料板压入凹模时，凸、凹模刃口进行修

边、冲孔，上模座 1 与安放于下模座 9 上的限位器接触时，机床滑块正好到下止点，此时废料被完全切断并滑落到工作台上。滑块回程，气缸 11 通过顶出器 10 将制件从凸模中托起，取出制件，在滑块到达上止点时顶出器回位，则完成整个制件的修边、冲孔过程。该模具采用的是垂直修边结构，模具设计的重点是凸模和凹模镶块设计和废料刀设计。

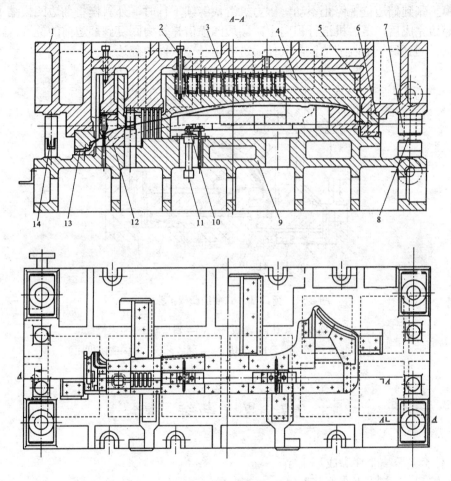

图 2-50　汽车后门柱外板垂直修边冲孔模

1—上模座　2—卸料螺钉　3—弹簧　4—卸料板　5—导板　6—凹模镶块组　7—导柱
8—导套　9—下模座　10—顶出器　11—顶出气缸　12—凸模镶块组　13—废料刀组　14—限位器

（3）覆盖件翻边模具的典型结构。覆盖件的翻边一般都是沿着轮廓线向内或向外翻边。由于覆盖件平面尺寸很大，翻边时只能水平方向摆放，其向内向外翻边应采用斜楔结构。覆盖件向内翻边包在翻边凸模上，不易取出，因此必须将翻边凸模做成活动的，此时翻边凸模是扩张结构，翻边凹模是缩小结构。覆盖件向外翻边时，翻边凸模是缩小结构，翻边凹模是扩张结构。

　　图 2-51 所示双斜楔窗口插入式翻边凸模扩张模具结构。利用覆盖件上的窗口，插入凸模扩张斜楔；其翻边过程是：当压力机滑块行程向下时，固定在上模座的斜楔穿过窗口将翻边凸模扩张到翻边位置停止不动，压力机滑块继续下行时，外斜楔将翻边凹模缩小进行翻边。翻边完成后，压力机滑行程向上，翻边凹模借弹簧力回复到翻边前的位置，随后翻边凸模也弹回到最小的收缩位置。取件后进行下一个工件的翻边。

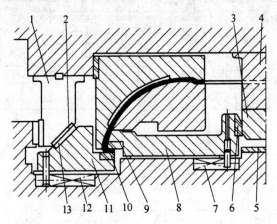

图 2-51　窗口插入式翻边凸模扩张结构

1、4—卸楔座　2、13—滑板　3、6—斜楔块　5—限位板
7、12—复位弹簧　8、11—滑块　9—翻边凸模　10—翻边凹模

# 2.7　思考与练习

1. 什么是分离工序和成形工序？
2. 冷冲压工艺特点有哪些？
3. 曲柄压力机是由哪几部分组成的，各有什么功能？
4. 模具如何安装在压力机上？
5. 什么叫做冲压分离工序？什么叫做冲裁、冲孔、落料、拉深、弯曲工序？
6. 冲的变形过程包括哪几个阶段？各有什么特点？
7. 冲裁模主要包括哪些零部件组成？其功能是什么？
8. 复合模、级进模的结构特点是什么？

9．什么是冲裁间隙？冲裁间隙对冲裁工艺有何影响？

10．什么是弯曲件的回弹？影响回弹量的主要因素有哪些？

11．弯曲模有哪些类型？

12．什么是拉深系数？影响拉深系数的因素有哪些？

13．翻边、胀形、缩口、工序的变形特点是什么？变形时各自的工艺问题是什么？

14．汽车上的哪些件是覆盖件？

15．覆盖件的成形工序有哪些？各工序内容有哪些？

16．汽车覆盖件的拉深工序有哪些变形特点？覆盖件拉深时如何防止起皱和拉裂？

17．覆盖件的修边工序也是冲裁，与一般的冲孔落料有何不同？覆盖件的修边模设计有哪些特点？

18．覆盖件的翻边模具结构有哪些特点？

# 第 3 章　塑料成型工艺及模具

塑料工业是一个飞速发展的工业领域，塑料制品在工业及日常生活中得到广泛应用。用模具成型塑料制件技术是模具设计与制造的主要任务之一。本章主要介绍塑料、塑料成型设备、塑料成型工艺及模具等。

## 3.1　概　　述

在塑料工业生产中，从塑料到塑料制品的生产，主要是塑料的成型过程，塑料的组成部分影响到塑料的成型方法，塑料成型模具对保证塑料制品的形状、尺寸及公差起着极其重要的作用。

### 3.1.1　塑料

塑料是一种以合成树脂为主要成分，加入一定量的添加剂制成的高分子有机化合物，在一定温度和压力下具有塑性和流动性，可被塑制成一定形状，且在一定条件下保持形状不变的材料。塑料的品种很多，以所使有的合成树脂作为名称来称呼：聚乙烯、聚丙烯、聚氯乙烯、酚醛树脂、氧树脂。塑料按加工性能可以分为热塑性和热固性塑料。热塑性塑料加热时变软以至流动，冷却时固化定型，这种过程是可逆的，可以反复进行。常见的热塑性塑料如聚乙烯（PE）、聚丙烯（PP）、聚苯乙烯（PS）、聚氯乙烯（PVC）、ABS 塑料等。热固性塑料第一次加热时可以软化流动，加热到一定温度，产生化学交联反应固化而变硬，这种变化是不可逆的，此后，再次加热时，已不能再变软流动了。而且第一次加热时软化流动性差。常见的热固性塑料有：酚醛塑料（PF）、氨基塑料（MF）、环氧塑料（EP）等。塑料按使用性能可以分为通用塑料、工程塑料和特种塑料。通用塑料指产量大、用途广，价格低廉的一类塑料，如聚乙烯，聚丙烯，聚氯乙烯，聚苯乙烯，醛酚塑料，氨基塑料占塑料产量的 60%。工程塑料指机械性能高，可替代金属而作工程材料的一类塑料，如尼龙、聚磷酸脂、聚甲醛、ABS。特种塑料指具有一些特殊性能的一类塑料，如环氧树脂，可用作金属和非金属材料的粘合剂。

塑料有如下基本性能。

（1）质量轻，密度 0.9～0.23 g/cm$^3$，泡沫塑料 0.189 g/cm$^3$。

（2）比强度高，是金属材料强度的 1/10，玻璃钢强度更高。

（3）化学稳定性好。

（4）电气绝缘性能优良。

（5）绝热性好。

（6）易成型加工性比金属容易。

（7）不足：强度，刚度不如金属，不耐热。100℃以下热膨胀系数大、易蠕变、易老化。

## 3.1.2　塑料成型工艺

塑料制件的成型方法很多，由于塑料固有的热塑性和热固性，以及流动性、收缩性、吸湿性、热敏性、压缩率、毒性、刺激性、和腐蚀性等工艺性能，直接或间接地影响塑料制件的成型方法，但是各种不同的成型方法从原理上看都要经过熔化、流动、固化三个阶段。目前常用的塑料成型方法有注射成型、压制成型、挤出成型、真空成型、吹塑成型等。成型所用的模具统称为塑料模，它是型腔模的一种。

## 3.1.3　塑料成型设备

1. 注塑机

塑料注射成型机，简称注塑机，是我国产量和应用量最大的塑料机品种。我国自行生产的第一台注塑机诞生于 20 世纪 50 年代后期，经过 50 多年的发展，目前已能生产大部分机种。注塑机是塑料注射成型的主要设备，按其外形可分为立式、卧式、直角式注塑机三种。图 3-1 所示为常用的卧式注塑机产品图片。

图 3-1　卧式注塑机产品图片

注射成型时模具安装在注塑机的移动模板和固定模板上，由锁模机构合模并锁紧，塑料在料筒内加热呈熔融状态，由注射装置将塑料熔体通过模具流道系统注入型腔内，塑料制件冷却固化后由锁模机构开模，并由推出装置将制品推出。

注塑机主要分为以下几个部分：

（1）注射装置。注射装置的主要作用是使固态的塑料颗粒均匀地塑化呈熔融状态，并以足够的压力和速度将塑料熔体注入模具型腔中。注射装置包括料斗、料筒、加热器、计量装置、螺杆、喷嘴及其驱动装置等。

　　（2）锁模装置。锁模装置的作用有三点，第一是实现模具的开、闭动作，第二是在成型时提供足够的锁模力使模具锁紧，第三是开模时推出模内制品。锁模装置有机械式、液压式和液压机械式三种形式。推出机构也有机械式、液压式和液压机械式三种形式。

　　（3）传动和电器控制。液压传动和电器控制系统是保证注射成型按照预定的工艺要求（压力、速度、时间、温度）和动作程序准确进行而设置的。液压传动系统是注塑机的动力系统，而电器控制系统则是各个动力液压缸、马达完成开启、闭合和注射、推出等动作的控制系统。

　　2. 塑料制品液压机

　　塑料制品液压机是压制热固性塑料成型的主要设备，按其传动方式可分为机械式和液压式两类。如图 3-2 为塑料制品液压机图片，液压机为上压式四柱型，分手动操作和自动两类，工作压力可按生产工艺要求任意调整，并可实现定程、定时、定温、定压，适用于可塑性材料的压制工艺，如压制胶木件、树脂、橡胶、制动材料、粉末冶金、塑料制品等。

图 3-2　塑料制品液压机

# 3.2　注 射 成 型

　　注射成型亦称注塑成型，它是热塑性塑料制件生产的一种重要方法。注射成型可成型各种型状的塑料制件。它的特点是成型周期短，能一次成型外型复杂、尺寸精确、带有嵌件的塑料制件。生产率高，易于实现自动化生产，所以应用广泛。

## 3.2.1　注射成型工艺

　　1. 注射成型原理

　　注射成型由注塑机和注射模具完成整个生产过程。注射成型原理如图 3-3 所示。塑料颗粒 12 盛于料斗 11 中，借助螺杆 13 的旋转将塑料从料斗底部送入料筒 9，颗粒料在料筒内用加热器 10 进行加热，同时螺杆的转动使塑料与螺杆之间及塑料内部产生剪切摩擦热使塑料塑化，达到流动状态（熔体 8），再通过螺杆的轴向移动，将熔融塑料从料筒末端的喷嘴 7 以很高的压力和速度经浇注系统 6 注入定模型腔 5 内，冷却后由动模 2 的推出机构 3 及顶杆 1 推出塑件 4。模具的一部分与喷嘴连接固定不动（定模），另一部分由注塑机的开、闭机构实现模具的开、闭动作（动模）。如图 3-3（a）为合模状态，如图 3-3（b）为闭模状态。

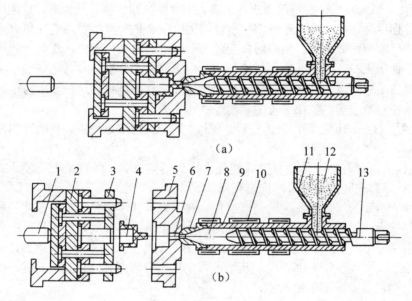

图 3-3 注射成型原理图

1 — 注塑机顶杆 2 — 动模 3 — 推出机构 4 — 塑件 5 — 定模 6 — 浇注系统
7 — 喷嘴 8 — 熔体 9 — 料筒 10 — 电加热圈 11 — 料斗 12 — 塑料 13 — 螺杆

2. 注射成型工艺过程

注射成型工艺过程是注射成型工艺制作的中心环节，它包括：成型前的准备、注射过程和制品的后处理等。

（1）成型前的准备。为使注射过程能顺利进行，并保证塑料制件的质量，在成型前应进行一些必要的准备工作。包括原料外观（如色泽、颗粒大小及均匀性等）的检验和工艺性能（融熔指数、流动性、热性能及收缩率）的测定；原料的染色及对粉料的造粒；易吸湿的塑料容易产生斑纹、气泡和降解等缺陷，应进行充分的预热和干燥；生产中需要改变产品、更换原料、调换颜色，或发现塑料有分解现象时的料筒清洗；带有嵌件塑料制件的嵌件预热，及对脱模困难的塑料制件的脱模剂选用等。由于注射原料的种类、型态、塑件的结构、有无嵌件以及使用要求不同，各种塑件成型前的准备工作也不一样。

（2）注射过程。注射过程一般包括加料、塑化、注射、冷却和脱模几个步骤。

① 加料。由于注射成型是一个间歇过程，因而需定量（定容）加料，以保证操作稳定，塑料塑化均匀，最终获得良好的塑件。加料过多、受热的时间过长等容易引起物料的热降解，同时注塑机功率损耗增多；加料过少，料筒内缺少传压介质，型腔中塑料熔体压力降低，难于补塑（即补压），容易引起塑件出现收缩、凹陷、空洞等缺陷。

② 塑化。加入的塑料在料筒中进行加热，由固体颗粒转换成粘流态，并且具有良好的可塑性的过程称为塑化。决定塑料塑化质量的主要因素是物料的受热情况和所受到的剪切作用。对塑料的塑化要求是：塑料熔体在进入型腔之前要充分塑化，既要达到规定的成型温度，又要使塑化料各处的温度尽量均匀一致，还要使热分解的含量达到最小值；并能提供上述质量的足够的熔融塑料，以保证生产连续并顺利地进行。这些要求与塑料的特性、工艺条件的控制及注塑机塑化装置的结构等密切相关。

③ 注射。注射的过程都可分为充模、保压、倒流、浇注系统进入后的冷却和脱模等几个阶段。

● 充模。塑化好的熔体被柱塞或螺杆推挤至料筒前端，经过喷嘴及模具浇注系统进入并填满型腔，这一阶段称为充模。

如图 3-4 所示为熔体经流道的充模过程。对于螺杆式注塑机，充模是注塑机的螺杆从预塑时的位置向前运动开始的。在液压缸的推力作用下，螺杆头部产生注射压力 $p_i$，迫使料筒计量室 A 中已塑化好的熔体经注塑机喷嘴 B、模具主流道 C、分流道 D，最后从浇口 E 处注入并充满模具型腔 F 中。以上几个步骤在实施中要充分注意加热温度、保温时间、冷却过程及加料多少等工艺参数。

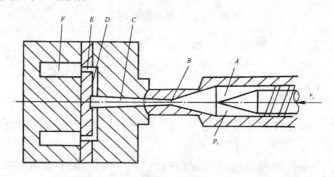

图 3-4　熔体经流道充模过程

$v_i$—螺杆速度　$p_i$—注射压力　A—计量室　B—喷嘴流道
C—主流道　D—分流道　E—浇口　F—型腔

● 保压。在模具中的熔体冷却收缩时，继续保持施压状态的柱塞或螺杆迫使浇口附近的熔料不断补充到模具中，使型腔中的塑料能成型出形状完整而致密的塑件，这一阶段称为保压。

- 倒流。保压结束后，柱塞或螺杆后退，型腔中压力解除，这时型腔中的熔料压力将比浇口前方的高，如果浇口尚未冻结，就会发生型腔中熔料通过浇口流向浇注系统的倒流现象，使塑件产生收缩、变型及质地疏松等缺陷。如果保压结束之前浇口已经冻结，那就不存在倒流现象。

- 浇口冻结后的冷却。当浇注系统的塑料已经冻结后，继续保压已不再需要，因此可退回柱塞或螺杆，卸除料筒内塑料的压力，并加入新料，同时通入水、油或空气等冷却介质，对模具进行进一步的冷却，这一阶段称为浇口冻结后的冷却。实际上冷却过程从塑料注入型腔就开始了，它包括从充模完成、保压到脱模前的这一段时间。

- 脱模。塑件冷却到一定的温度即可开模，在推出机构的作用下将塑料制件推出模外。

（3）塑件的后处理。注射成型的塑件经脱模或机械加工之后，常需要进行适当的后处理，以消除存在的内应力，改善塑件的性能和提高尺寸稳定性。其主要方法是退火和调湿处理。

① 退火处理。退火处理是将注射塑件在定温的加热液体介质（如热水、热的矿物油、甘油、乙二醇和液体石蜡等），或热空气循环烘箱中静置一段时间，然后缓慢冷却的过程。其目的是减少由于塑件在料筒内塑化不均匀，或在型腔内冷却速度不同，致使塑件内部产生内应力，这在生产厚壁或带有金属嵌件的塑件时更为重要。退火温度应控制在比塑件使用温度高 10～20℃，或塑料的热变型温度以下 10～20℃。退火处理的时间取决于塑料品种、加热介质温度、塑件的型状和成型条件。退火处理后冷却速度不能太快，以避免重新产生内应力。

② 调湿处理。调湿处理是将刚脱模的塑件放在热水中，以隔绝空气，防止对塑料制件的氧化，加快吸湿平衡速度的一种后处理方法，其目的是使制件的颜色、性能以及尺寸得到稳定。通常聚酰氨类塑料制件需进行调湿处理，处理的时间随聚酰胺塑料的品种、塑件的型状、厚度及结晶度大小而异。

### 3．注射成型的工艺参数

注射成型的工艺参数是为了保证塑料熔体良好塑化，顺利充模、冷却与定型。温度、压力和时间是影响注射成型工艺的重要参数。

（1）温度。注射成型过程需控制的温度有料筒温度、喷嘴温度和模具温度等，其中料筒温度、喷嘴温度主要控制塑料的塑化和流动，模具温度主要影响塑料的流动和冷却定型。

（2）压力。注射模塑过程中的压力包括塑化压力和注射压力。塑化压力又称背压，是指采用螺杆式注塑机时，螺杆头部熔料在螺杆转动后退时所受到的压力。这种压力的大小是可以通过液压系统中的溢流阀来调整的。注射压力是指柱塞或螺杆头部轴向移动时其头部对塑料熔体所施加的压力。在注塑机上常用表压指示注射压力的大小，一般在 40～130 MPa 之间，压力的大小可通过注塑机的控制系统来调整。注射压力的作用是克服塑料熔体从料筒流向型腔的流动阻力，给予熔体一定的充型速率以及对熔体进行压实等。塑化压力和注射压力直接影响塑料的塑化和塑件质量。

（3）时间。注射模塑过程中的时间指完成一次注射成型过程所需的时间，也称成型周期。它包括注射时间、模内冷却时间和其他时间。注射时间指充模时柱塞或螺杆前进的时间和柱塞或螺杆停留在前进位置的保压时间；模内冷却时间其中也包括柱塞后撤或螺杆转动后退的时间；其他时间指开模、脱模、喷涂脱模剂、安放嵌件和合模时间。

成型周期直接影响到劳动生产率和注塑机使用率，因此，生产中在保证质量的前提下应尽量缩短成型周期中各个阶段的有关时间。

### 3.2.2　注射模具

在塑料成型工艺中注射模具是塑料成型模具中用量最大的模具，也是结构最复杂、最典型、零件功能最完善的模具。这类模具的结构与注塑机的形式和制件的复杂程度等因素有关。

#### 1.　注射模具结构及组成

注射模具由动模和定模两部分组成，动模安装在注塑机的移动模板上，定模安装在注塑机的固定模板上。注射成型时动模与定模闭合构成浇注系统和型腔，开模时动模与定模分离以取出塑料制件。图 3-5 所示为典型的单分型面注射模，其结构分为以下几个部分。

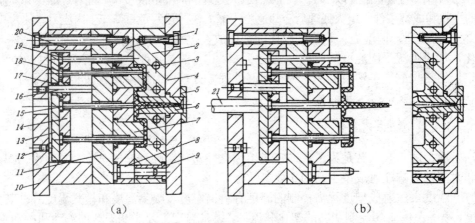

（a）　　　　　　　　　　　（b）

图 3-5　单分型面注射模

1—动模板　2—定模板　3—冷却水道　4—定模座板　5—定位圈　6—浇口套　7—凸模式
8—带肩导柱　9—带头导套　10—动模座板　11—支承板　12—限位钉　13—推板　14—推杆固定板
15—拉料杆　16—推板导柱　17—推板导套　18—推杆　19—复位杆　20—垫块　21—注塑机顶杆

（1）成型部件。成型部件由型芯和凹模组成。型芯成型制品的内表面，凹模成型制品的外表面。合模后型芯和凹模之间便构成模具的型腔。如图 3-5 中的动模板 1、定模板 2 和凸模 7。

（2）浇注系统。浇注系统又称流道系统。它是将塑料熔体由注塑机喷嘴口引向型腔的通道，通常由主流道、分流道、浇口和冷料穴（井）组成。浇注系统的设计与制造十分重要，它直接关系到塑料制件的成型质量和生产效率。

（3）导向部件。为了确保动模与定模在合模时能准确对中、平稳移动，在模具中必须设置导向部件。在注射模中通常采用四组导柱与导套来组成导向部件，有时还需在动模和定模上分别设置相互配合的内、外锥面来辅助定位，并克服注射成型时较大的侧向压力。为了避免在制品推出过程中推板发生歪斜现象，可在模具的推出机构中设置导柱和导套。如图 3-3 中带肩导柱 8、导套 9 和定位圈 5，推板导柱 16 和推板导套 17。

（4）推出机构。开模时，需要推出机构将流道内的凝料拉出；脱模时须用推出机构将塑料制件从型腔或型芯中推出。如图 3-3 中推出机构由推杆支承板 11，推杆固定板 14，推板 13 和拉料杆 15 组成。闭模时推出机构要回复到初始位置。因此，在推杆固定板中一般还要固定复位杆，或在推出机构中安装复位弹簧，复位杆（弹簧）在动、定模合模时使推出机构复位。

（5）调温系统。为了满足注射工艺对模具温度的要求，需要有调温系统对模具的温度进行调节。对于热塑性塑料用的注射模，主要是设计制造冷却系统使模具冷却。模具的加热也可以利用冷却水道通热水或蒸汽，也可以在模具内部或周围安装电发热元件。

（6）排气系统。排气系统用以将成型过程中型腔中产生的气体充分排出，常用的办法是利用分型面和模具型腔零件的配合间隙进行排气，必要时也可在分型面开设排气槽或在型腔钻孔后安装烧结金属堵销进行排气。

（7）侧向抽芯机构。有些带有侧向凹槽或侧孔的塑料制件，在脱模之前必须进行侧向分型，抽出侧向型芯后才能顺利脱模，这时需要在模具中设置侧向抽芯机构。

（8）模架。模架分为大型模架与中小型模架两种，现有国家标准。如图 3-3 中的定位圈、定模座板、定模板、推杆、拉料杆、导柱等都属于标准模架中的零部件，选用时可参考国家标准 GB/4169—1984，它们大多数可以从厂家或市场上订购，然后作少量补充加工即可，以减少模具设计制造的工作量。

2. 典型注射模具结构

（1）单分型面注射模具。分开模具能取出塑件的面称分型面。单分型面注射模又称两板式注射模，即开一次模就可取出塑料制件，它是注射模具中最简单而又最常用的一类。如图 3-5 所示的单分型面注射模，型腔的一部分（型芯）在动模板上，另一部分（凹模）在定模板上。主流道设在定模一侧，分流道同流道内的凝料一起留在动模一侧，脱模时，制品和流道凝料同时被推出模外。

（2）双分型面注射模具。双分型面注射模具以两个不同的分型面 A-A、B-B 分别取出流道凝料和塑料制件。双分型面注射模在动模板和定模板之间增加了一块可以移动的中间板（又称浇口板），故又称三板式模具。图 3-6 所示为典型的双分型面的注射模。在定模板与中间板之间设置流道，在中间板与动模之间设置型腔，中间板适用于采用点浇口进料的单型腔或多型腔模具。开模时，在弹簧 7 的作用下，中间板 11 与定模座板 10 在 A-A 处定距分型，其分型距离由定距拉板 8 和限位钉 6 联合控制，以便取出这两板间的浇注系统凝料。继续开模时，模具便在 B-B 分型面分型，塑件与凝料拉断并留在型芯上到动模一侧，最后在注塑机的固定顶杆的作用下，推动模具的推出机构，将型芯上的塑料件推出。

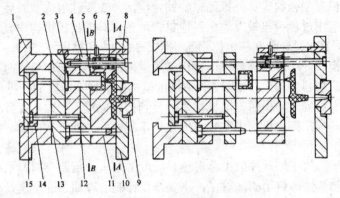

图 3-6　双分型面的注射模

1—支架　2—支承板　3—凸模固定板　4—推件板　5—导柱　6—限位钉　7—弹簧
8—定距拉板　9—主浇道衬套　10—定模座板　11—中间板（浇道板）
12—导柱　13—推杆　14—推杆固定板　15—推板

这种注射模主要用于点浇口的注射模，侧向分型抽芯机构设在定模一侧的注射模，它们的结构较复杂。

（3）侧向分型抽芯注射模。当塑件上带有侧孔或侧凹时，在模具中要设置由斜导柱或斜滑块等组成的侧向分型抽芯机构，使侧型芯作横向运动。图 3-7 所示为带侧向分型抽芯的注射模。开模时，在开模力的作用下，定模上的斜导柱 2 驱动动模部分的侧型芯 3 作垂直于开模方向的运动使其从塑件侧孔中抽拔出来，然后再由推出机构将塑件从主型芯上推出模外，图 b 为开模状态。

（4）侧浇口注射模。这种模具常用在卧式注塑机上。如图 3-8 是装在卧式注塑机上注射旋具手柄的侧浇口注射模。模具分为定模和动模两部分。定模部分的定模套板 3 内装有定模镶件 6、导套 8 和冷却水嘴 4，定模板 9 内装有浇口套 7，并用螺钉 5 与定模套板 3 连接在一起。定模板 9 固定在注塑机的固定模板上，使浇口套与注塑机的喷嘴相连。动模部分的动模套 2 内装有动模镶件 1 和导柱 16，右侧面用螺钉 13、14 将固定支板 12、定位板

11 和定位弹簧片 10 固定。动模板 15 与动模套 2 用螺钉 21 联接，动模板上装有导柱 16、
弹簧 19、螺钉 20、拉料杆固定板 17 和拉料杆 18。动模板 15 固定在注塑机的移动模板上。
注射时，模具在开模位置，先放入旋具嵌件，用弹簧片 10 卡住，用定位板 11 定位。然后
注塑机使动模部分移动到闭合位置，塑料即经过浇注系统注射入模具，制成塑料件。水嘴
4 中通入循环水，以冷却模具，加速塑件成型。开模时，浇口被拉料杆 18 拉出，塑件随动
模移动，到一定位置时，拉料杆固定板 17 被机床卸料装置挡住，动模继续移动，塑料件和
浇口即被推出。合模时，弹簧 19 保证拉料杆 18 恢复原位。

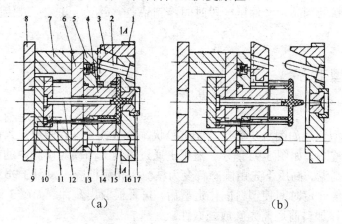

（a）　　　　　　　　　　　　　　（b）

图 3-7　带侧向分型芯的注射模

1—楔紧块　2—斜导柱　3—侧型芯　4—型芯　5—固定板　6—支承板　7—支架
8—动模座板　9—推板　10—推杆固定板　11—推杆　12—拉料杆　13—导柱
14—动模板　15—主浇道衬套　16—定模板　17—定位环

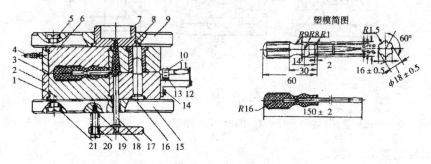

图 3-8　侧浇口注射模

1—动模镶块　2—动模套板　3—定模套板　4—冷却水嘴　5、13、14、20、21—螺钉
6—定模镶块　7—浇口套　8—导套　9—定模板　10—弹簧片　11—定位板
12—固定支板　15—动模板　16—导柱　17—拉料杆固定板　18—拉料杆　19—弹簧

# 3.3　压缩成型

　　压缩制成型包括压制成型、压塑成型、模压成型等。其方法是将松散状或预压锭料直接加入到高温（已经预热至成型温度，一般为 130～180 ℃）模具加料室成型腔内，然后以一定的速度合模、加压，使塑料在热和压力作用下逐渐软化，呈粘流状态，并在压力作用下充满型腔，树脂与固化剂作用发生交联反应，使充满型腔的粘流状态的塑料固化成型，成为具有一定形状的制品，经保压一段时间，制品完全定型，并具有最佳性能时，开模取出制品。

## 3.3.1　压缩成型工艺

### 1．压缩成型工作原理

　　压缩成型成型原理如图 3-9 所示。先将粉状、粒状或纤维状塑料加入已经预热至成型温度的模具加料腔内，如图 3-9a 所示，液压机通过模具上凸模对模腔中的塑料施加很高的压力，使塑料在高温、高压下先由固态转变为粘流态充满模腔，如图 3-9b 所示；然后树脂产生交联反应，经一定时间使塑料固化定型后，可开模取出塑件，如图 3-9c 所示。对于带有嵌件的塑件，在加料前还需先安放好嵌件。

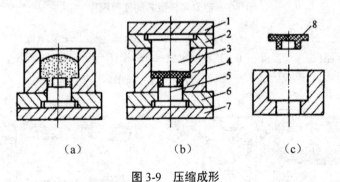

　　　　（a）　　　　　　　　　（b）　　　　　　　（c）

图 3-9　压缩成形

1—上垫板　2—凸模固定板　3—凸模　4—凹模　5—型芯　6—型芯固定板　7—下垫板　8—塑料

### 2．压缩成型工艺过程

　　压缩成型主要用于热固性塑料的成型，也可用于热塑性塑料的成型。但后者只是对于一些流动性很差的热塑性塑料（聚四氟乙烯、添加有长纤维、片状纤维的增强塑料等）无法进行注射成型时，才考虑使用压制方法成型。热固性塑料压制成型工艺过程如图 3-10 所示。

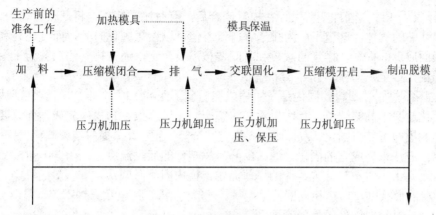

**图 3-10　压制成型工艺过程**

（1）压缩成型前的准备。热固性塑料比较容易吸湿，贮存时易受潮，且比容较大，为了使成型过程顺利进行，并保证塑件的质量和产量，应预先对塑料进行预热处理，在有些情况下还要对塑料进行预压处理。

① 预压。在室温下将松散的热固性塑料用预压模在压机上压成重量一定的、形状一致的型坯，型坯的形状以能十分紧凑地放入模具中预热为宜，多为圆片状，也有长条状等。

② 预热。在成型前，应对热固性塑料加热，除去其中的水分和其他挥发物，同时提高料温，以便于缩短压缩成型周期，生产中常用电热烘箱进行预热。

（2）压缩成型过程。模具装上压机后要进行预热。一般热固性塑料的压缩过程可以分为加料、合模、排气、固化和脱模等几个阶段，在成型带有嵌件的塑料制件时，加料前应预热嵌件，并将其定位安放于模中。

① 嵌件的安放。在有嵌件的模具中，通常用手（模具温度高时应戴上手套）将嵌件安放在固定位置，特殊情况要用专门工具安放。安放的嵌件要求位置正确和平稳，以免造成废品或损伤模具。压缩成型时，为防止嵌件周围的塑料出现裂纹，常用浸胶布做成垫圈进行增强。

② 加料。在模具加料室内加入已经预热和定量的物料，如型腔数低于 6 个，且加入的又是预压物，则一般用手加料；如所用的塑料为粉料或粒料，则可用勺加料。型腔数多于 6 个时应采用专门加料工具。加料定量的方法有重量法、容积法和计数法三种。重量法准确，但操作麻烦；容积法虽然不及重量法准确，但操作方便；计数法只用于加预压物。

③ 合模。加料完成后便合模。在凸模尚未接触物料之前，要快速合模，借以缩短模塑周期并避免塑料过早固化和过多降解。当凸模触及塑料后改为慢速，避免模具中的嵌件、成型杆或型腔遭到破坏。此外，放慢速度还可以使模具内的气体得到充分的排除。待模具闭合，即可增大压力（通常达 15～35 MPa），对原料进行加热加压。合模所需的时间由几秒至数十秒不等。

④ 排气。压缩热固性塑料时，在模具闭合后，有时还需卸压，将凸模松动少许时间，以便排出其中的气体，这道工序为排气。排气不但可以缩短固化时间，而且还有利于塑件性能和表面质量的提高。排气的次数和时间要按需要而定，通常排气的次数为 1～2 次，每次时间由几秒至几十秒。

⑤ 固化。热固性塑料的固化是在压缩成型温度下保持一段时间，以待其性能达到最佳状态。固化速率不高的塑料，有时也不必将整个固化过程放在塑模内完成，而只要塑件能够完整地脱模即可结束固化，因为拖长固化时间会降低生产率。提前结束固化时间的塑件，需用后烘的方法来完成它的固化。通常酚醛压缩塑件的后烘温度范围为 90～150℃，时间由几小时至几十小时不等，视塑件的厚薄而定。模内固化时间决定于塑料的种类、塑件的厚度、物料的形状以及预热和成型的温度等。一般为由 30 秒至数分钟不等，需由实验方法确定，过长或过短对塑件的性能都不利。

⑥ 脱模。固化完毕后使塑件与模具分开，通常用推出机构将塑件推出模外，带有侧型芯或嵌件时应先用专门工具将它们拧脱，然后再进行脱模。

（3）塑件的后处理。塑件脱模后，对模具应进行清洗，有时对塑件还要进行后处理。

① 模具的清理。脱模后，要用铜签（或铜刷）刮出留在模内的碎屑、飞边等，然后再用压缩空气将其吹净，如果这些杂物压入再次成型的塑料件中，会严重影响塑料件的质量，甚至造成报废。

② 后处理。为了进一步提高塑件的质量，热固性塑料制件脱模后常在较高的温度下保温一段时间。后处理能使塑料固化更趋完全，同时减少或消除塑件的内应力，减少水分及挥发物等，有利于提高塑件的电性能及强度。后处理方法和注射成型塑件的后处理方法一样，在一定的环境或条件下进行，所不同的只是处理温度不同而已。一般处理温度约比成型温度提高 10～50℃。

压制成型与注射成型相比，压制成型的优点是：无需浇注系统，可使用普通压力机，模具比较简单，制品收缩率较小、变形小，各向性能比较均匀，适用于流动性差的塑料，以及一些成型面积很大、厚度又比较小的大型扁平塑料制件。其缺点是：生产周期长，生产效率低，不易实现自动化，劳动强度大，制品常常带有溢边，难以成型厚壁、带有深孔及形状复杂的制品，对模具材料要求高等。

### 3. 压缩成型的工艺参数

压缩成型的工艺参数主要是指压缩成型压力、压缩成型温度和压缩时间。

（1）压缩成型压力。压缩成型压力是指压缩时压力机通过凸模对塑料熔体在充满型腔和固化时在分型面单位投影面积上施加的压力，简称成型压力。

（2）压缩成型温度。压缩成型温度是指压缩成型时所需的模具温度。压缩成型温度高低影响模内塑料熔体的充模是否顺利，也影响成型时的硬化速度，进而影响塑件质量。

（3）压缩时间。热固性塑料压缩成型时，要在一定温度和一定压力下保持一定时间，才能使其充分地交联固化，成为性能优良的塑件，这一时间称为压缩时间。压缩时间与塑料的种类、塑件形状、压缩成型的工艺条件以及操作步骤等有关。压缩成型温度升高，塑料固化速度加快，所需压缩时间减少。

### 3.3.2　压缩模具

1. 压缩模具结构及组成

压缩模具又称压制模、压胶模，是成型热固性塑料件的模具。成型前，将定量的塑料放入加热的模具型腔内，在合模过程中对塑料加热、加压，使塑料流动并充满型腔。经保压一段时间后，塑件逐渐固化成型，然后，开模和取出塑件。压缩成型模的基本结构如图3-11 所示。主要由以下几个部件组成。

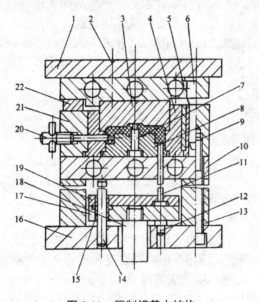

图 3-11　压制模基本结构

1—上模座板　2—螺钉　3—上凸模　4—凹模镶件　5—加热板　6—导柱
7—型芯　8—下凸模　9—导套　10—支承板（加热板）　11—推杆　12—挡钉　13—垫块
14—推板导柱　15—推板导套　16—下模座板　17—推板　18—压机顶杆
19—推杆固定板　20—侧型芯　21—凹模固定板　22—承压板

（1）成型部件。成型部件由若干零件组成，图3-11 中的成型部件由上凸模 3，凹模 4，型芯 7，侧型芯 20 和下凸模 8 组成。型芯的设置视塑料结构而定，凹模与下凸模有时可以做成整体的，因此成型部件最基本的组成零件是凹模和凸模。凹模的形状除构成型腔外，闭膜前还包括加料室所需的空腔。

（2）导向部件。导向部件由布置在模具上模周边的四根导柱 6 和下模的导套 9 组成。固定式压缩模上模（凸模）固定于压机的上压板上，下模（凹模）固定于压机的下压板（工作台）上。通常导柱装在上模，导套装在下模，以方便加料和安装嵌件。

（3）顶出部分。图 3-11 中顶出部分由推杆 11，挡钉 12，推板 17，压机顶杆 18，顶杆固定板 19 和顶出板的导柱、导套组成。各零件的功用及顶出操作与注射模相同。

（4）侧向抽芯部分。侧向抽芯部件的设置视塑件结构而定。图 3-11 中侧向抽芯机构零件 20，是一个带螺钉和手柄的直杆，属手工操作侧向抽心机构。同注射模一样，压缩模也有其他形式的侧向抽芯机构，如斜导柱、斜滑块、偏心轴芯机构等。

（5）加热部件。加热部件是压制模的重要组成部分。图 3-11 中由上加热板 5 和下加热板 10 组成。在加热板的孔中装入电热棒用于加热凹、凸模。

（6）支撑与固定部件。上述所有零件都必须组装成两大部分，即上模和下模，并分别安装在压机的上压板和下压板上，就需要有安装固定部件。图 3-11 中由上固定板 1，垫板 13，下固定板 16，型腔固定板 21，承压板 22 和若干固定螺钉组成。

以上各部件除侧向抽芯机构外都是必不可少的，具体形式视塑件形状、产品批量和模具结构而定。

2．典型压缩模具结构

（1）敞开式压缩模（即溢式压缩模）。

如图 3-12 所示。这种模具无加料室，型腔总高度 $H$ 约是制件总高度。因为凸模和凹模之间无配合部分，凸、凹模闭合后即为型腔，所以压制时过剩塑料极易顺挤压面（水平面）溢出，图 3-12 中 $b$ 指环形面积是挤压面，为减小塑边的毛边，其值较小。

用溢式压缩模成型的制件水平溢边去除较困难，影响制品外观。凸、凹模之间的配合靠导柱定位，因此，用这种模具压出的制品壁厚均匀性不太高。但是，这种模具结构简单、耐用，制品取出容易，成本较低，适用于压制对强度和尺寸并无严格要求的或扁平盘型制品。

（2）密闭式压缩模（又称不溢式压缩模）。

如图 3-13 所示。这种模具的加料室在型腔的上面部分，无挤压面，压机所施加的压力几乎全部作用在塑件上，溢料很少。凸模的密封凸台部分与凹模之间的配合单边间隙约为 0.075 mm，配合部分的上部为大间隙。

用不溢式压缩模成型的塑件密实性好，机械强度高，所以它适用于压缩型状复杂、壁薄和深型塑件；也适用于压缩流动性很小、单位比压高、比容大的塑料。但它不适于成型流动性好、容易按体积计量的塑料。

不溢式压缩模的缺点是凸模的密封凸台与凹模壁摩擦造成损伤，使塑件在脱模时容易损伤外表面，要求每次加料量准确，否则影响高度尺寸。

不溢式压缩模一般不设计多腔模，因为加料不均匀时会造成各型腔的塑件压力不等而引起塑件欠压。

（3）半密闭式压缩模（又称半溢式压缩模）。

如图 3-14 所示。其特点是在凹模上部有截面尺寸大于塑件尺寸的加料室，凸模的密封凸台与加料室呈大间隙动配合，加料室与型腔分界处有一环型挤压面，其宽度为 4～5 mm。

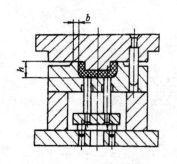 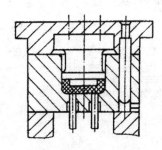 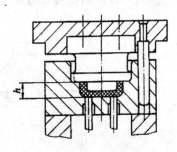

图 3-12　溢式压缩模　　　　　图 3-13　不溢式压缩模　　　　　图 3-14　半溢式压缩模

合模时，凸模凸台下压到挤压面为止，若有过剩的塑料可以溢出。

用半溢式压缩模成型塑件的密实性比溢式压缩模好。塑件的高度尺寸由型腔高度 $h$ 控制，可达到每模基本一致。又因为操作方便，模具结构较简单，故被广泛采用。

除上述三种外，还有带加料板的压缩模和不封闭式压缩模。为了提高生产率，也可制成多型腔结构的压缩模（多槽模）。这种模可以是敞开式、半密闭式等形式，其加料室可分别开设，也可多个型腔共用一个加料室。

# 3.4　挤　出　成　型

挤出成型也称为挤塑成型，它在热塑性塑料制件的成型中占有很重要的地位，主要用于生产横截面一定的连续型材，如棒、管、板、丝、薄膜、包敷电线电缆以及各种异形型材等，也是中空成型的主要制坯方法。

挤出成型模具系挤出成型用模具的统称，也叫挤出成型机头或模头。属塑件成型加工的又一大类重要工艺装备。

## 3.4.1　挤出成型工艺

### 1. 挤出成型的原理

挤出成型的生产线由挤出机、挤出模具、牵引装置、冷却定型装置、卷料或切割装置、控制系统组成。如图3-15挤出成型时，首先将颗粒状或粉状塑料从挤出机的料斗送进料筒中，在旋转的挤出机螺杆的作用下向前输送，同时塑料受到料筒的传热和螺杆对塑料的剪切摩擦热的作用而逐渐熔融塑化，在挤出机的前端装有挤出模具（又称机头或口模），塑料在通过挤出模具时形成所需形状的制件，再经过一系列辅助装置（定型、冷却、牵引和切断等装置），从而得到等截面的塑料型材。

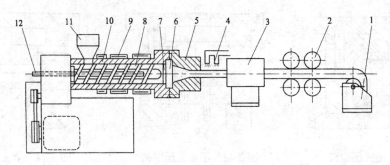

图 3-15 挤塑成型原理图

1—卷料或切割装置 2—牵引装置 3—冷却定型装置 4—喷冷却水装置 5—机头 6—过滤板
7—分流滤网 8—挤出螺杆 9—加热器 10—料筒 11—料斗 12—冷却水入口

如果在挤出机头芯部穿入金属导线，挤出制品即为塑料包敷电线或电缆。

2. 挤出成型工艺过程

挤出成型工艺过程可分为原料的准备、塑化、挤出成型、定型冷却等几个步骤。

（1）原料的准备。为了使挤出过程能顺利进行，并保证塑件的质量，在成型前对塑料原料应进行严格的外观检验和工艺性能测定，易吸湿塑料还要进行预热和干燥处理，将原料的水分控制在 0.5%以下。此外，在准备阶段还应尽可能除去塑料中的杂质。

（2）塑化、挤出成型。挤塑工艺根据塑化方法不同可分为干法和湿法两种。干法是塑料原料在挤出机的机筒中加热和螺杆的旋转压实混合作用下变成粘流态，塑化和加压可在同一设备内进行；湿法是固体塑料在机外溶解于有机溶剂中而成为粘流态物质，然后加入到挤出机的料斗中，因此塑化和加压是两个独立的过程。通常采用干法塑化方式。

采用螺杆式挤出机进行挤出时，料筒中的塑料借助外加热（湿法挤出不需加热）和螺杆旋转产生的剪切摩擦热熔融塑化，同时熔料受螺杆的搅拌而均匀分散，并不断向前推挤，迫使塑料经过过滤板和过滤网，由螺旋运动变成直线运动，最后由机头成型为口模截面形状的连续型材。

（3）定型和冷却。塑件在离开机头口模以后，应立即进行定型和冷却，否则塑件在自重的作用下就会出现凹陷、扭曲等变形缺陷。管材挤出成型时采用的定型方法有外径定型和内径定型两种，不管哪种方法都是使管坯内外形成一定的压力差，使管坯紧贴在定径套上而冷却定型。由于外径定型结构较简单，操作也方便，所以我国目前普遍采用。挤出板材或片材时，则通过若干对压辊进行压平。

常用的冷却装置有冷却水槽和冷冻空气装置。冷却速度对塑件性能的影响很大，如聚苯乙烯、低密度聚乙烯和硬聚氯乙烯等硬质塑料冷却快时很容易造成残余内应力，并影响塑件的外观质量。实际中可采用冷却水流动方向与挤出方向相反的方式，这样型材冷却比较缓慢，内应力也较小，还可提高塑件的外观质量。软质或结晶型塑料则要求及时冷却，以免塑件变形。

（4）塑件的牵引、卷取和切割。塑件从机头口模挤出后，一般都会因压力解除而发生膨胀现象，而冷却后又会发生收缩现象，从而使塑件的形状和尺寸发生变化，同时塑件又被连续不断的挤出，如果不加以引导，会造成塑件停滞而影响塑件的顺利挤出，因此塑件在挤出冷却时应该将塑件连续均匀的引出，这就是牵引。牵引是由牵引装置来完成的。通过牵引的塑件可根据使用要求在切割装置上裁剪，或在卷取装置上绕制成卷。

### 3.4.2　挤塑模具

挤塑模具是塑料挤出成型模具的总称，由挤出机头和定型模两部分组成。机头是挤出成型模具的主要部件，它有 4 种作用。

（1）使塑料由螺旋运动变为直线运动。

（2）产生必要的成型压力，保证塑件密实。

（3）使塑料通过机头得到进一步塑化。

（4）通过机头成型所需断面形状的塑件。

#### 1. 挤出成型机头的组成

下面以典型的管材挤出成型机头为例介绍挤出成型机头的组成。如图 3-16 是管材挤出成型机头。

（1）口模和芯棒。口模成型塑件的外表面，芯棒成型塑件的内表面。由此可见，口模与芯棒决定塑件横断面形状。

（2）过滤网和过滤板。过滤板又称多孔板，与过滤网共同将熔融塑料由螺旋运动变成直线运动，并能过滤杂质。过滤板同时还起到支承过滤网的作用，并且增加了塑料流动阻力，使塑料更加密实。

（3）分流器和分流器支架。分流器又叫鱼雷头（或分流梭），塑料通过分流器变成薄环状而平稳地进入成型区，得到进一步塑化和加热。分流器支架主要用于支承分流器和芯棒，同时也使得料流分束，以加强剪切混合作用，小型机头的分流器支架可与分流器设计成一整体。

（4）机头体。机头体相当于模架，用来组装并支撑机头的零部件。挤出模具通过机头体和挤出成型机的机筒连接，连接处应密封以防塑料熔体泄露。

（5）温度调节系统。图 3-16 中的电加热圈 10、11 的目的是为了保证塑料熔体在机头中的正常流动以及挤出塑件的成型质量。

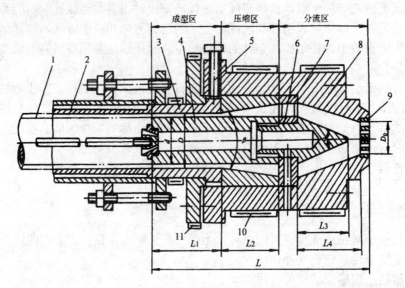

图 3-16　管材挤出成型机头

1—管材　2—定径套　3—口模　4—芯棒　5—调节螺钉　6—分流器
7—分流器支架　8—机头体　9—过滤板　10、11—电加热圈

（6）调节螺钉。调节螺钉用来调节口模与芯棒间的环形间隙及同轴度，以保证挤出塑件壁厚均匀。调节螺钉的数量通常为 4～8 个。

（7）定径套。刚刚挤出离开口模的塑件，温度仍较高，不能抵抗自重变形，为了获得良好表面质量、准确尺寸和几何形状的塑件，在机头前端设置定径套对其冷却定型。

### 2. 典型挤塑机头

能够挤出成型的塑料制件截面形状是多种多样的，根据不同的塑件要求，生产中需要设计不同的机头。根据塑料的不同截面形状挤出机头可分为挤管机头、棒材挤出机头、挤板机头、吹膜机头、电线电缆机头、异形材机头等。

（1）挤管机头。管材是挤出成型生产的主要产品之一。挤出成型管材塑件时，常用的机头结构有薄壁管材的直通式机头、直角式机头、旁侧式机头，除此之外还有微孔流道挤管机头等。

图 3-17 所示为直通式机头，是挤出的管材和挤塑机螺杆在同一轴线上的挤管机头。这

种机头结构简单，容易制造，但熔体经过分流器支架时形成的熔接痕不易消除，另外机头长度较大、整体结构笨重。直通式挤管机头适用于挤出成型软、硬聚氯乙烯、聚乙烯、尼龙聚碳酸酯等管材。

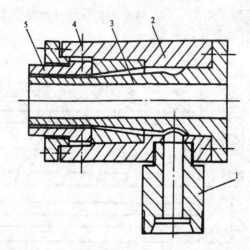

图 3-17　直角式挤管机头

1—连接管　2—机头体　3—芯棒　4—调节螺钉　5—口模

（2）棒材挤出机头。棒材指截面为圆形、矩形、正多边形、三角形和椭圆形等具有规则形状的实芯塑料型材。圆形棒材直径可由几毫米至 500 mm，扁平棒材的截面尺寸可达 250 mm×100 mm。

塑料挤出成型棒材的机头结构一般来说比较简单，如图 3-18 所示的带有分流器的棒材挤出机头，口模前端有外螺纹（或法兰），以便和水冷定径套相连接。其结构特点是在流道中心设有分流器 4，其作用是减少流道内部容积并增加塑料熔体受热面积，有利于停机后重新开机时缩短加热时间，防止熔料热降解。

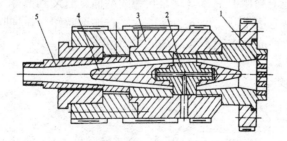

图 3-18　带分流器的棒材挤出成型机头

1—过滤板　2—分流器支架　3—机头体　4—分流器　5—口模

（3）挤板机头。厚度为 0.25~20 mm 的热塑性塑料板材或片材都可以使用具有平缝形口模的挤出成型模具来成型。挤塑机头的进料口为圆形，内部通过各种方式逐渐演变为平缝形，最后形成宽而薄的扁平出料口，塑料熔体沿口模宽度方向均匀分布，这样沿着机头内整个宽度截面上出料速度能均匀一致，挤出的板材或片材厚度才能均匀，且不发生翘曲变形。图 3-19 是一个螺杆式挤板机头示意图。

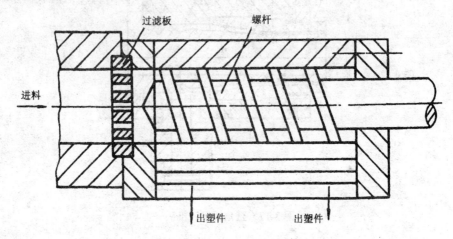

图 3-19　螺杆式机头示意图

# 3.5　吹塑成型

吹塑成型是借助于压缩空气，使闭合在模具中的热熔塑料型坯吹胀或形成空心塑料制品的工艺过程。它源于历史悠久的玻璃容器吹制工艺，至 20 世纪 30 年代发展成为现代吹塑技术。吹塑成型适合于制作中空容器，如吹塑成型桶、瓶及其他容器。

根据中空吹塑成型方法不同，可分为挤出吹塑、注射吹塑、拉伸吹塑、多层吹塑等。其中挤出吹塑是我国目前成型中空塑料制品的主要方法。

## 3.5.1　吹塑成型工艺

### 1. 挤出吹塑成型工艺

图 3-20 为挤出吹塑成型工艺过程示意图。其中图 3-20a 表示挤出机头挤出管状型坯；图 3-20b 表示型坯引入对开的模具；图 3-20c 表示模具闭合，夹紧型坯上、下两端；图 3-20d 表示向型腔中吹入压缩空气，使型坯膨胀贴模而成型；图 3-20e 表示经保压、冷却、定型

后，放气、取出制品。

　　这种中空吹塑成型方法的优点是模具结构简单，投资少，操作容易，适用于多种热塑性塑料的中空制品的吹塑成型。缺点是制品壁厚不均匀，需要后加工以去除飞边和余料。

　　吹塑成型制品的好坏，主要取决于成型工艺参数的选择，但与吹塑模具制造质量和结构也有一定关系。工艺过程如下：

　　挤出管状熔坯（或称成型坯）→模具夹住型坯→通入压缩空气，把型坯吹胀成模具型腔型状（也是塑料制品所需的型状）→制品在模内充分冷却，并保持压力→放出制品内的压缩空气（或停止供气）→开模取出塑料制品。

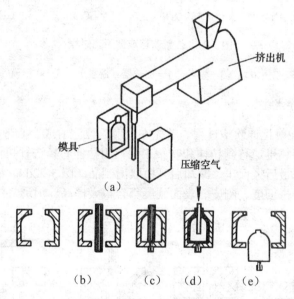

图 3-20　挤出中空吹塑示意图

## 2. 注射吹塑成型工艺

　　注射吹塑是一种综合注射与吹塑工艺特点的成型方法，主要用于成型容积较小的包装容器。注射吹塑成型过程如图 3-21 所示。首先注塑机将熔融塑料注入注射模内形成型坯（图 3-21a），型坯成型用的芯棒（型芯）3 是壁部带微孔的空心零件。接着趁热将型坯连同芯棒转位至吹塑模内（图 3-21b），然后向芯棒的内孔通入压缩空气，压缩空气经过芯棒壁微孔进入型坯内孔，使型坯吹胀并贴于吹塑模的型腔壁上（图 3-21c），再经保压、冷却定型后放出压缩空气，开模取出制品（图 3-21d）。这种成型方法的优点是制品壁厚均匀，无飞边，不必进行后加工。由于注射得到的型坯有底，故制品底部没有接合缝，强度高，生产率高，但设备与模具投资大，多用于小型制品的大批量生产。

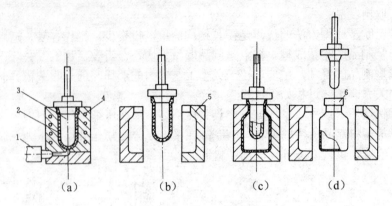

图 3-21　注射吹塑成型工艺过程

1—注塑机喷嘴　2—型坯　3—型芯　4—加热器（温控）　5—吹塑模　6—塑料制品

### 3. 注射拉伸吹塑成型

图 3-22 所示为注射拉伸吹塑过程。首先在注射工位注射成空心带底型坯（图 3-22a）；然后打开注射模将型坯迅速移到拉伸和吹塑工位，用拉伸芯棒进行拉伸（图 3-22b）并吹塑成型（图 3-22c）；最后经保压、冷却后开模取出制品（图 3-22d）。经过拉伸吹塑的塑料制品，其透明度、冲击韧度、刚度、表面硬度都有很大提高，但透气性有所降低。

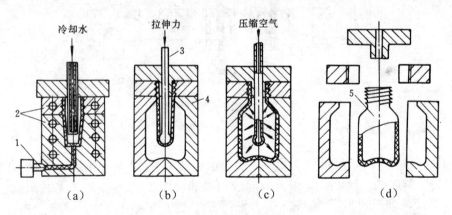

图 3-22　注射拉伸吹塑中空成型

1—注塑机喷嘴　2—注射模　3—拉伸芯棒　4—吹塑模　5—塑料制品

### 4. 多层吹塑中空成型工艺

多层吹塑是采用共挤出吹塑或多段注射法，用不同种类的塑料，经特定的挤出机头形成一个型坯壁分层而又粘接在一起的型坯，再经中空吹塑获得壁部多层的中空塑料制品的成型方法。多层吹塑容器的成型方法有共挤出吹塑法和多段注射法，现在实用的是连续挤出式的共挤出吹塑法，其原理是在单吹塑成型机上附设辅助挤出机，通过机头挤出的多层型坯，供给吹塑成型模具。

影响多层容器质量的因素是层间的结合问题和接缝处的强度问题，这与塑料的种类、层数和层厚的比率有关，要得到合格的多层吹塑容器，关键是挤出厚薄均匀的多层型坯。

### 3.5.2 吹塑成型模具

1. 挤出吹塑模具

挤出吹塑模具通常由两瓣凹模组成，对于大型挤出吹塑模应设冷却水通道。由于吹塑模型腔受力不大（一般压缩空气的压力为 0.7 MPa），故可供选择的模具材料较多，最常用的有铝合金、铍铜合金、锌合金等。由于锌合金易于铸造和机械加工，所以可制造成形状不规则容器的模具。对于大批量生产硬质塑料制品的模具，可选用钢，热处理硬度 40～44 HRC，型腔需经抛光镀铬。图 3-23 为典型的挤出吹塑模具结构，压缩空气由上端吹入型腔。

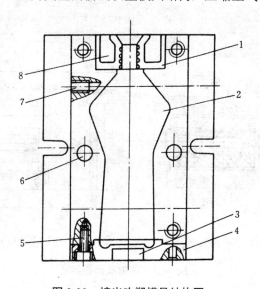

图 3-23  挤出吹塑模具结构图

1—颈部嵌块  2—型腔  3、8—余料槽  4—底部镶块  5—紧固螺钉  6—导柱  7—冷却水道

2. 注射吹塑模具

注射吹塑模具与挤出吹塑模具基本相同，但前者不需设置夹料口刃，因为其型坯长度

及形状已由型坯模具确定，如图 3-24 所示。型坯模具和吹塑模具均装在类似冷冲模后侧模架上，型坯模具（图 3-24a）主要由型坯型腔体 5，颈圈镶块 8 和芯棒 7 构成。型坯型腔体由定模和动模两部分构成（图 3-24b），吹塑模型腔所承受的压力要比型坯模型腔小得多。吹塑模（图 3-24c）颈圈螺纹的直径比相应型坯颈圈大 0.05～0.25 mm，以免容器颈部螺纹变形。材料与挤出吹塑型腔体基本相同。注射吹塑模具的冷却方式与挤出吹塑相同。

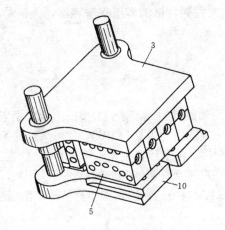

（a）模具及模架

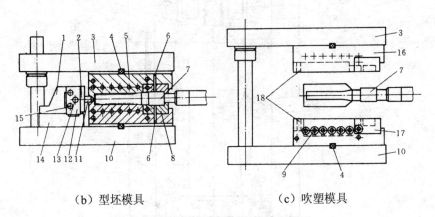

（b）型坯模具　　　　　　　（c）吹塑模具

图 3-24　注射吹塑模具

1—支管夹具　2—充模喷嘴夹板　3—上模板　4—键　5—型坯型胶体　6—芯棒温控介质入、出口
7—芯棒　8—颈圈镶块　9—冷却孔道　10—下模板　11—充模喷嘴　12—支管体　13—流道
14—支管座　15—加热器　16—吹塑模型腔体　17—吹塑模颈圈　18—模底镶块

# 3.6　思考与练习

1. 塑料有哪些基本性能？
2. 热塑性塑料与热固性塑料有何区别？
3. 注射成型工艺包括哪些过程？注射过程包括哪些阶段？
4. 注塑、压缩、工艺各有什么特点？
5. 挤出、吹塑成型有哪些优点？
6. 注射模由哪些基本零件组成？主要零件的名称和作用是什么？
7. 试述单分型面注射模的动作原理？
8. 浇注系统一般由哪些部分组成？各部分的作用如何？

# 第4章 压铸成型工艺及模具

压铸成型是将熔融的金属合金液在高压、高速条件下充满模具型腔，并在高压下冷却凝固成型的一种工艺方法。虽然压铸工艺与塑料的注射成型有很多相近之处，但是，高温、高压、高速仍然是压铸工艺区别于塑料注射成型的主要特点。

## 4.1 概　　述

压铸是压力铸造的简称。所谓压铸成型工艺，就是将熔融的金属合金液在高压、高速条件下充满模具型腔，并在高压下冷却凝固成形的一种铸造工艺。应用压铸工艺成形的金属合金称为压铸合金，最终制品称为压铸件。压铸工艺使用的设备称为压铸机，模具称为压铸模。

### 4.1.1 压铸合金

通常用于压铸合金生产的合金材料有：锡、铅、锌、铝、镁、铜等，压铸生产对于合金有以下基本要求。

（1）温度高时具有较好的流动性，便于充填复杂型腔，以获得表面质量良好的铸件。

（2）线收缩率和裂纹倾向小，以免铸件产生裂纹，并可提高铸件尺寸精度。

（3）结晶温度范围小，防止产生缩孔和缩松，提高铸件质量。

（4）具有一定的高温强度，以防止推出铸件时产生变形或碎裂。

（5）在常温下有较高的强度，以适应大型薄壁复杂铸件生产的需要。

（6）与金属型腔相互之间物理—化学作用物倾向性小，以减少粘模和相互合金化。

（7）具有良好的加工性能和一定的抗腐蚀性。

常用压铸合金及其工艺性能如下。

#### 1. 压铸锌合金

常用于压铸成型的锌合金有 ZZnAl4（4 铸锌）、ZZnAl4－0.5（4－0.5 铸锌）和 ZZnAl4－1（4－1 铸锌）3 种。锌合金具有优良的压铸性能，具体表现为：结晶温度范围小，不易产生缩孔、缩松等缺陷，压铸件组织致密；浇注温度较低，不易粘模，模具寿命高；容易填充成型，可压铸结构复杂的压铸件。

### 2. 压铸铝合金

常用于压铸成型的铝合金有 ZAlSi7Mg（ZL101）、ZAlSi12（ZL102）、ZAlSi9Mg（ZL104）、ZAlSi7Cu4（ZL107）、ZAlSi12Cu2Mg1（ZL108）、ZAlSi9Cu4（ZL112）、ZAlMg5Si1（ZL303）、ZAlZn11Si7（ZL401）等。铝合金在冷却凝固时的线性收缩较小，因而具有良好的填充性能和较小的热裂倾向。但铝合金仍有较大的体积收缩，在最后凝固处容易生成较大的集中缩孔。铝和铁的亲和力较强，压铸铝合金时容易产生粘模现象。压铸铝合金的浇注温度高于锌合金。

### 3. 压铸镁合金

压铸用的镁合金为 ZMgAl8Zn（ZM5）。镁合金在压铸时与铁的亲和力较小，不易产生粘模现象，模具寿命较高，同时成分和尺寸的稳定性也都较好。但是镁合金压铸时容易产生缩孔和缩松，浇注温度也较铝合金高。由于镁很容易燃烧，镁液遇水会引起爆炸，空气中镁的粉尘也会自行燃烧爆炸，因此，在镁合金生产的各个环节都应注意安全措施。

### 4. 压铸铜合金

压铸用铜合金有铅黄铜 ZCuZn40Pb1（ZHPb59-1）和硅黄铜 ZCuZn17Si3（ZHSi80-3）。铜合金的熔点高，压铸时的浇注温度高，因而模具寿命较短。硅黄铜具有很好的填充性能，能够成型薄壁压铸件，铸件组织致密、表面光洁。铅黄铜的熔点稍低于硅黄铜，但其含锌较高，压铸件冷凝时易产生脆性组织降低塑性，故其压铸性能低于硅黄铜。

## 4.1.2 压铸成型工艺

压铸成型的主要特征是金属合金液以高压、高速填充模具型腔，并在高压下结晶成形。最主要的因素是：压力、充填速度、温度、时间及充填特性等，要获得质量优良的压铸件，压铸过程中各影响因素的协调统一，参数的控制则是关键。

压铸工艺的拟订是压铸机、压铸模及压铸合金 3 大要素的有机组合而加以综合运用的过程，是压力、速度、温度等相互影响的因素得以统一的过程。压铸过程中这些工艺因素相辅相成而又互相制约，只有正确选择和调整这些因素，使之协调一致，才能获得预期的效果。

除了要求有合理压铸工艺参数，还要重视压铸件的结构工艺性。

## 4.1.3 压铸机

压铸机是压铸成型的主要设备。常用的压铸机有冷压室压铸机和热压室压铸机两大类型，冷压室压铸机又可分为卧式冷压室压铸机、立式冷压室压铸机和全立式压铸机 3 种。压铸机的结构形式主要由压射装置、合模装置、液压传动系统、电器系统、水路系统、机身等组成。

机身是用来安置合模装置、压射装置，以及液压、电器、水路系统的。

合模装置是用来实现合模、开模、顶出等动作，并保证在压射时模具可靠的锁模，开模后顺利将工件顶出。

压射装置是将处于液态的金属压射入模具型腔的装置。

液压、电器、水路系统是保证压铸机按照压铸工艺要求和动作顺序，准确而有效的工作。

热压室压铸机在机器上安装有能对金属加热，保温的坩埚，压室浸在坩埚的液态金属中，当压射冲头上升时，液态金属通过进口进入压室内。冷压室压铸机不带用以加热、保温的坩埚，当压铸机的合模机构将压铸模合好后，以人工方式将液态金属倒入压室；卧式压铸机压射装置水平安放，立式压铸机压射装置垂直安放。

图 4-1 卧式冷压室压铸机

如图 4-1 所示为卧式冷压室压铸机图片。

卧式冷压室压铸机的成形原理如图 4-2 所示。模具闭合后，将合金液通过压室上的浇料口浇入压室，压射冲头向左运动，合金液经浇道和内浇口进入模腔，待冷凝定型后打开模具，取出压铸件和余料，同时压射冲头返回。

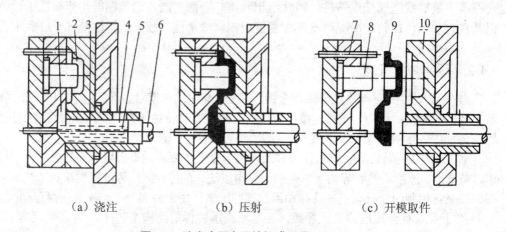

（a）浇注　　　　　（b）压射　　　　　（c）开模取件

图 4-2 卧式冷压室压铸机成形原理

1—浇注系统　2—型腔　3—合金液　4—浇料口　5—压室
6—压射冲头　7—推杆　8—型芯　9—压铸件　10—定模板

# 4.2 压铸工艺

压铸工艺是近代金属加工工艺中发展较快的一种高效率、少切削或无切削的金属成型的精密加工方法，能压铸形状复杂、尺寸精确、轮廓清晰、表面质量及强度、硬度都较高的压铸件。应用范围十分广泛，如汽车发动机汽缸体、汽缸盖、变速箱体、仪表及照相机的壳体及支架、管接头、齿轮等。

压铸工艺过程的循环如图 4-3 所示。

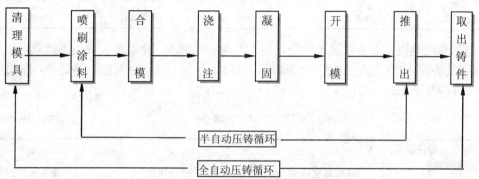

图 4-3 压铸过程的循环

## 4.2.1 压铸工艺参数的设定

压铸成型工艺参数主要包括：压射比压、充填速度、浇注温度和模具工作温度。合金液充填型腔并压铸成型的过程，是许多相互矛盾的各种因素得以统一的过程。

（1）压射比压是获得压铸件组织致密和轮廓清晰的重要因素，又是压铸区别于其他铸造方法的主要特征，其大小取决于压铸机的结构及功率。

（2）充填速度是压铸件获得光洁表面及清晰轮廓的主要因素，其大小决定于比压、金属液密度及压射速度。

（3）浇注温度是压铸过程的热因素。为了提供良好的填充条件，控制和保持热因素的稳定性，必须有一个相应的温度规范。这个温度规范包括模具的温度和熔融金属浇入的温度。

（4）模具工作温度对产品质量影响较大，应重视模温的选取。

另外，时间虽不是一个单独的因素，但它与其他因素有很密切的联系。

以上各因素在压铸过程中是相辅相成而又相互制约的，只有正确地选择与调整这些因素相互之间的关系，才能获得预期的效果。不同的金属，压铸时要选择不同的工艺参数，一般还要通过试模最后确定。

压射比压是指作用在被压铸金属上的压力。压射比压过低，铸件的致密性差。压射比压过高将使模具因受液态金属强烈的冲刷增加磨损，模具寿命降低。其值可参考表4-1选取。

表4-1　压铸各种合金铸件的比压　　　　　　　　　　　（单位：kPa）

| 合　金 | 铸件壁厚至 3 mm | | 铸件壁厚至 6 mm | |
|---|---|---|---|---|
| | 结构简单 | 结构复杂 | 结构简单 | 结构复杂 |
| 锌合金 | 30 000 | 40 000 | 50 000 | 60 000 |
| 铝合金 | 25 000 | 35 000 | 45 000 | 60 000 |
| 镁合金 | 30 000 | 40 000 | 50 000 | 60 000 |
| 铜合金 | 50 000 | 70 000 | 80 000 | 90 000 |

　　充填速度是指液态金属通过内浇口导入型腔的线速度。充填速度应适当选取，充填速度过低会使铸件轮廓不清，甚至不能成形；过高则会产生气孔、缩松、粘型等。常用的充填速度可参考表4-2。

表4-2　生产中常用的充填速度　　　　　　　　　　（单位：$m·s^{-1}$）

| 铸件类型<br>充填速度<br>合金种类 | 简单厚壁铸件 | 一般铸件 | 复杂厚壁铸件 |
|---|---|---|---|
| 锌合金、铜合金 | 10~15 | 15 | 15~20 |
| 镁合金 | 20~25 | 25~35 | 35~40 |
| 铝合金 | 10~15 | 15~25 | 25~30 |

　　浇注温度是指压射过程金属液体的温度，可参考表4-3选取。

表4-3　各种合金的浇注温度　　　　　　　　　　　（单位：℃）

| 合金 | | 壁厚≤3 mm | | 壁厚>3~6 mm | |
|---|---|---|---|---|---|
| | | 结构简单的 | 结构复杂的 | 结构简单的 | 结构复杂的 |
| 锌合金（含铝的） | | 420~440 | 430~450 | 410~430 | 420~440 |
| 铝合金 | 含硅的 | 610~650 | 640~700 | 590~630 | 610~650 |
| | 含铜的 | 620~650 | 640~720 | 600~640 | 620~650 |
| | 含镁的 | 640~680 | 660~700 | 620~660 | 640~680 |
| 镁合金 | | 640~680 | 660~700 | 620~650 | 640~680 |
| 铜合金 | 普通铜 | 850~900 | 870~920 | 820~860 | 850~900 |
| | 硅黄铜 | 810~910 | 880~920 | 850~900 | 870~910 |

　　注：上列各温度为金属液在保温炉内的温度。

模具工作温度是指正常的压铸生产模具保持的温度。通常可参考表 4-4 选取。

表 4-4　压铸模工作温度　　　　　　　　　　（单位：℃）

| 合金 | | 锌合金 | 铝合金 | 铝镁合金 | 镁合金 | 铜合金 |
|---|---|---|---|---|---|---|
| 壁厚≤3 mm | 简单的 | 130~180 | 150~200 | 170~250 | 170~250 | 250~350 |
| | 复杂的 | 150~200 | 180~250 | 250~300 | 250~300 | 300~380 |
| 壁厚>3~6 mm | 简单的 | 100~150 | 120~180 | 140~200 | 140~200 | 200~300 |
| | 复杂的 | 170~180 | 150~200 | 170~250 | 170~250 | 250~380 |

## 4.2.2　压铸件的结构工艺性

压铸件的结构是否合理，影响到工件是否能顺利成型，因此，从压铸结构上看，主要应注意以下一些问题。

（1）壁厚。在满足使用要求的情况下，以薄壁和均匀壁厚为好，一般不宜超过 4.5 mm。

（2）筋条。在铸件上设计筋条的目的除增加刚性强度外，还可以使金属流动畅通和消除由于金属过分集中而引起的缩孔、气孔和裂纹等缺陷。

（3）铸孔。在压铸件上能铸出比较深而细的小孔。

（4）铸造圆角。铸造圆角可使金属液流动通畅，气体容易排出，并可避免因锐角而产生裂纹。

（5）脱模斜度。为使工件顺利脱模，必须设计脱模斜度，合理的脱模斜度，既不影响工件的使用性能，也可减少脱模力或抽芯力。

（6）螺纹。工件上需外螺纹时，可采用两半分型的螺纹型环压铸成型；需内螺纹时，一般可先铸出底孔，再由机械加工成内螺纹。

压铸件的结构工艺性除以上几点外，还有齿轮、凸纹、槽隙、网纹、铆钉头、文字、标志、图案、嵌件等问题，如何设计及合理选择，可查有关压铸模的设计手册。

# 4.3　压铸模具

压铸模是压铸生产三大要素之一，结构正确合理的模具是压铸生产能否顺利进行的先决条件，并在保证铸件质量方面（下机合格率）起着重要的作用。

## 4.3.1　压铸模的分类

按被加工的金属分类：有铅合金压铸模、锡合金压铸模、锌合金压铸模、铝合金压铸模、镁合金压铸模、铜合金压铸模。

　　按所使用的机器分类：有热压室压铸机用压铸模、立式冷压室压铸机压铸模、卧式冷压室压铸机用压铸模、全立式冷压室压铸机用压铸模。

### 4.3.2　压铸模的组成

　　1. 压铸模具结构及组成

　　压铸模的基本结构都是由动模和定模两大部分组成。定模部分装在压铸机的定模板上，动模部分装在压铸机的动模板上，并随着压铸机的合模装置运动，实现锁模和开模。

　　图 4-4 所示压铸模的基本结构，根据模具上各零部件所起的作用，一般压铸模具可由以下几部分组成。

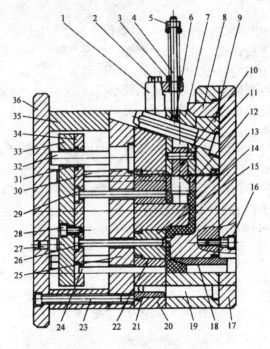

图 4-4　压铸模的基本结构

1—限位块　2—螺钉　3—弹簧　4—螺栓　5—螺母　6—斜销　7—滑块　8—楔紧块

9—定模套板　10—销　11—活动型芯　12、15—动模镶块　13—定模镶块　14—型芯

16、28—螺钉　17—定模座板　18—浇口套　19—导柱　20—动模套板　21—导套　22—浇道镶块

23—螺钉　24、26、29—推杆　25—支承板　27—限位钉　30—复位杆　31—推板导套　32—推板导柱

33—推板　34—推板固定板　35—垫板　36—动模座板

（1）成型零部件。成型零部件是指动、定模中有关组成型腔的零件。如：成型铸件内表面的凸模和成型铸件外表面的凹模以及各种镶件、成型杆件等。

（2）合模导向机构。合模导向机构是保证动模和定模在合模时准确定位，以保证铸件形状和尺寸的精度，并避免模具中其他零件发生碰撞和干涉。

（3）浇注系统。浇注系统是使液态金属从压室进入模具型腔所流经的通道，它包括：浇口套、分流锥、直浇道、横浇道、内浇口等。

（4）溢流排气系统。溢流、排气系统包括溢流槽和排气槽（孔）等。溢流槽主要用来储存冷料和夹渣金属，以提高铸件的质量。排气槽（孔）是用来排出型腔中的空气，使金属顺利填充型腔。

（5）侧向分型与抽芯机构。当铸件的侧向有凹凸形状的孔或凸台时，在开模推出铸件之前，必须先把成型铸件侧向凹凸形状的瓣合模块或侧向型芯从铸件上脱开或抽出，铸件方能顺利脱模。侧向分型与抽芯机构就是为实现这一功能而设置的。

（6）推出机构。推出机构是指分型后将铸件从模具中推出的装置，又称脱模机构。

（7）加热和冷却系统。加热和冷却系统亦称温度调节系统，它是为了满足压铸工艺对模具温度的要求而设置的。

（8）支承零部件。用来安装固定或支承成型零件及前述的各部分机构的零部件均称为支承零部件。

2. 典型压缩模具结构

（1）卧式冷压室压铸机用压铸模。卧式冷压室压铸机用斜销抽芯压铸模如图 4-5 所示。开模时，动模向左移动、滑块 14 在斜销 16 的作用下向外侧抽芯。抽芯完毕，铸件和浇注系统凝料留于动模。继续开模，推出机构动作，铸件和浇注系统凝料由方形推杆 6 和浇道推杆 5 推出。合模时，动模向右移动，滑块 14 在斜销 16 的作用下向内插芯，动、定模闭合，复位杆 3 使推出机构复位，进行下一次压铸。

（2）立式冷压室压铸机用压铸模。立式冷压室压铸机用压铸模如图 4-6 所示。合模后，压铸机的上冲头下压，金属液通过浇口套 10，经分流锥 12 填充型腔。开模前，压铸机下冲头上行切断浇注系统余料。开模时，动、定模分开，铸件和浇注系统凝料留于动模。继续开模，推出机构动作，铸件和浇注系统凝料由推杆 15 和中心推杆 14 推出。合模时，动、定模闭合，复位杆 5 使推出机构复位，进行下一次压铸。

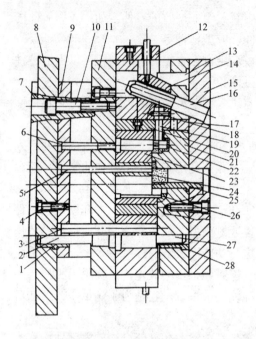

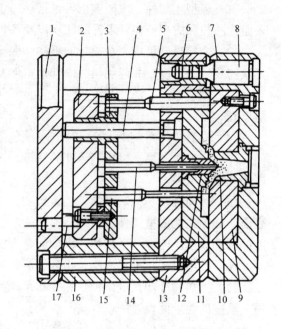

图 4-5　卧式冷压室压铸机用斜销抽芯压铸模　　　　　　图 4-6　立式冷压室压铸机用压铸模

1—推板导套　2—推板导柱　3—复位杆　　　　　1—动模座板　2—推板　3—推杆固定板　4、8—导柱

4、10—内六角螺钉　5—浇道推杆　6—方形操杆　　　5—复位杆　6—导套　7—定模套板　9—定模镶块

7—支架　8—推板　9—推杆固定板　11—支承板　　　10—浇口套　11—动模镶块　12—分流镶

12—挡板　13—楔紧块　14—滑块　15—定模座板　　　12—挡板　13—动模套板　14—中心推杆

16—斜销　17、21—定模螺块　18—圆柱销　19—侧型芯　　　15—推杆　16—垫块　17—限位钉

20、23—动模镶块　22、26—动模型芯　24—浇道镶块

25—浇口套　27—导柱　28—导套

（3）全立式冷压室压铸机用压铸模。全立式冷压室压铸机用压铸模如图 4-7 所示。合模后压铸机压射冲头上压，金属液经分流锥 6 填充型腔。开模时动、定模分开，铸件和浇注系统凝料留动模，铸件由推杆 8 推出。合模时动、定模闭合，推出机构由复位杆复位，进行下一次压铸。

（4）热压室压铸机用压铸模。热压室压铸机用压铸模如图 4-8 所示。开模时，压铸机动模板带动压铸模动模部分移动，模具在定模套板 13 与动模套板 16 之间分型，浇注系统凝料从浇口套 22 中拉出，铸件和浇注系统凝料留在动模。继续开模，推出机构动作，铸件由推杆 4、7、9 和扇形推管 8 联合推出。合模时，定模套板 13 和动模套板 16 闭合，复位杆 23 使推出机构复位，进行下一次压铸。

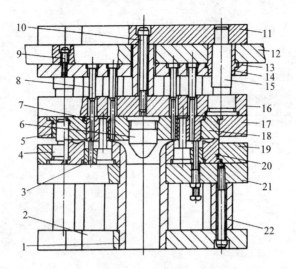

图 4-7　全立式压铸机用压铸模

1—压室　2—座板　3—弄芯　4—导柱　5—导套　6—分流锥　7、18—动模镶块　8—推杆
9、10—螺钉　11—动模座板　12—推板　13—推杆固定板　14—推板导套　15—推板导柱
16—支承板　17—动模套板　19—定模座板　20—定模镶块　21—定模座板

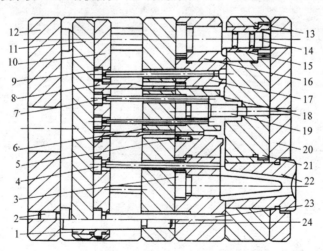

图 4-8　热压室压铸机用压铸模

1—推板导套　2—限位钉　3—分流锥　4、7、9—推杆　5—止转销　6—支承板　8—扇形推管
10—推杆固定板　11—推板　12—动模座板　13—定模套板　14—导柱　15—导套　16—动模套板
17、18—动模镶块　19—型芯　20—定模座板　21—定模镶块　22—浇口套　22—支承柱
23—复位杆　24—推板导柱

# 4.4　思考与练习

1．压铸机的类型有哪些？
2．压铸成型工艺条件有哪些？
3．压铸成型工艺与塑料注塑成型工艺有哪些相似与不同？
4．压铸模的基本结构主要由哪几个部分组成？

# 第5章　模具零件制造

模具零件制造属于机械制造的研究范畴，但与一般机械制造有所不同，模具零件制造的难度较大。模具零件制造技术集中了机、电加工的精华，它是知识和技术密集型行业。对模具制造者来说，它又富于秘密性，缺乏公开性，主要在于模具的技术多源于实践经验的积累，是一种高技术的活动。

## 5.1　概　　述

模具是由模具零件构成的，模具零件制造好坏直接影响模具的制造精度，也将影响成形产品的质量。模具零件制造是完成模具零件的加工过程。模具零件加工工艺过程与一般机械零件加工工艺有相同之处，也有一些差别。模具零件的加工，一个总的指导思想是针对不同的材质，不同的形状，不同的技术要求进行适应性加工，它具有一定的可塑性，可通过对加工的控制，达到好的加工效果。

### 5.1.1　模具零件制造的工艺特点

根据零件的外观形状不同，大致可把零件分3类：轴类、板类与异形零件，其共同的工艺过程大致为：粗加工→热处理（淬火、调质）→精磨→电加工→钳工（表面处理）→组配加工。

模具作为一种特殊的工艺装备，其零件制造工艺具有以下几个特点。

（1）形状复杂，加工精度高，因此需应用各种先进的加工方法才能保证质量。例如：型腔和型孔历来是模具加工中的难题，非圆型型腔和型孔更是如此。这类零件，不仅具有较高的尺寸精度，还有较高的形状和位置精度要求。

机械加工制造模具是最古老、最常用、不可缺少的方法，随着各种先进加工技术的问世，电火花加工和电火花线切割、数控中心加工设备等已成为主要的加工方法。这不仅大大提高了模具制造速度，也更能保证模具的加工质量。

（2）模具材料优异，硬度高，不仅加工难度大，而且需合理安排加工工艺。模具的主要零件多采用优质合金钢制造，这类钢材从毛坯锻造加工到热处理均有严格的要求，因此加工工艺的编制就更加不容忽视。热处理变形也是加工中需认真处理的主要问题。

（3）模具零件制造多为单件制造，由于模具型面复杂，精度要求高，加工难度大，因此制造周期一般较长。在加工中，某些模具的工作部分尺寸及位置必须经过试验来决定，模具在装配后，虽按设计图纸检验合格，但仍不能成为最后的产品，它必须经过调整安装，在设备上进行试模。并将试模时出现的缺陷进行修整，直到加工出符合要求的零件。

（4）一般来说，模具加工的生产率是次要的，而保证质量是第一位的，因此在制订加工工艺规程时，多采用少工序、多工艺的加工方法，即工序集中的方案。

在实际工作中，我们研究和掌握模具制造的特点，必须从积极的方向辩证地去认识和运用它。例如，在单件、多品种制造中，设计和工艺问题较多，操作者过于强调模具零件的"配合尺寸"，而忽视了图纸的积极作用，不按图纸要求尺寸及精度加工，那么试模时调整的次数就要增加。另外，也不能由于强调模具制造的成套性，而对于特殊紧急任务也得零件筹备齐后再加工；更不能因模具要经试模，而装配操作时就忽视了质量要求。正确的做法应该是：掌握模具制造特点后，应根据具体情况来采取各种不同措施和方法，尽量缩短模具制造周期，降低模具制造成本，以最快的速度制作出优质、高精度的模具来。

## 5.1.2　制定模具工艺规程的步骤

将模具零件加工的全部工艺过程及加工方法按一定的格式写成的书面文件称为工艺规程。模具制造的工艺过程，首先根据制品零件图或实物进行工艺分析，然后进行模具设计、零件加工、装配调整、试模。制定模具制造工艺规程一般可按以下步骤进行。

（1）研究模具装配图和零件图，进行工艺分析。模具设计方案及结构确定后，就可绘制装配图；根据装配图拆绘零件图，使其满足装配关系和工作要求，并注明尺寸、公差、表面粗糙度等技术要求。

（2）确定毛坯种类、尺寸及其制造方法。拟定零件加工工艺路线，包括选择定位基准，确定加工方法，划分加工阶段，安排加工顺序和决定工序内容，确定各工序的加工余量，计算工序尺寸及其公差。选择机床、工艺装备、切削用量及工时定额等。

（3）装配调整。装配就是将加工好的零件组合在一起，构成一副完整的模具。除紧固定位用的螺钉和销钉外，一般零件在装配过程中仍需一定的人工修整或机械加工。

（4）试模。装配调整好的模具，需要安装到机械设备上进行试模。检查模具在运行过程中是否正常，所得到的制品是否符合要求。如有不符合要求的，则必须拆下模具加以修正，然后再次试模，直到能够完全正常运行，并能加工出合格的制品。

## 5.1.3　模具制造过程所用的主要设备

模具按其不同的类型和使用目的，对材料、尺寸精度和热处理后的性能等条件有不同要求。我们在加工时应充分考虑其特点，采用最合理的方法，其中优良的加工设备，是制造模具所不可缺少的。对形状复杂的型腔凸模和凹模等零件的加工工艺，是以机械加工和电加工为主；有些零件，还需采用超声波加工、化学及电化学加工、电解磨削、挤压成形、超塑成形、铸造成形、合成树脂膜加工等方法。

　　模具制造过程所用的主要设备见表 5-1。

表 5-1　模具制造过程所用主要加工设备

| 备料 | 外形加工 | 工作部位加工 | 热处理 | 修整和装配 |
|---|---|---|---|---|
| 锻造设备、切割设备 | 通用机械加工设备 | 仿形加工设备<br>数控加工设备<br>加工中心<br>电加工设备<br>精密加工设备<br>特种成形设备 | 各种热处理设备 | 各种机动、气动、电动等抛磨工具及检测仪器 |

## 5.1.4　模具零件的主要加工方法

　　一套模具由若干个零件构成。将金属材料加工成模具零件的方法，主要有机械加工、特种加工、塑性加工、铸造和焊接等。

### 1. 机械加工

　　机械加工方法广泛用于制造模具零件，例如模坯加工、模架加工、模具型面加工以及孔类加工。机械加工的特点是加工精度高、生产率高，尤其是采用较先进的数控机床（如三坐标数控铣床、加工中心、数控磨床等）加工模具零件更显其优越性。但机械加工的缺点是加工复杂形状的工件（如工作型面）时，加工速度慢；硬的材料也难于加工；材料的利用率不高；要求有熟练的操作技术。尽管如此，在模具加工过程中，机械加工仍然是主要的加工方法。

### 2. 特种加工

　　在模具制造中，对形状复杂的型腔、凸模和凹模型孔等采用切削方法往往难以加工。特种加工就是在这种情况下产生和发展起来的。特种加工是指利用电能、热能、光能、化学能、声能等进行加工的工艺方法。与传统的切削加工方法相比，其加工机理完全不同。其特点如下：

　　（1）工具与工件一般不接触（微力加工），加工过程不必施加明显的机械力；

　　（2）加工时与工件的硬度无关，可以实现以柔克刚；

（3）可以加工各种复杂形状的零件；

（4）易于实现加工过程自动化。

由于特种加工具有以上的加工特点，所以特种加工在模具制造中的应用越来越广泛，并成为一种重要的加工方法。

### 3. 塑性加工

塑性加工主要是冷挤压制模方法。即在常温条件下，将淬硬的工艺成形模（凸模）压入模坯，使坯料产生塑性变形，以获得与工艺凸模工作表面形状相同的内成形表面。

冷挤压方法适合于加工以有色金属低碳钢、中碳钢、部分有一定塑性的工具钢为材料的塑料模型腔、压铸型腔、锻模型腔和粉末冶金压模的型腔。塑性加工有如下特点：

（1）可以加工形状复杂的型腔。尤其适合于加工某些难于进行切削加工的形状复杂的型腔；

（2）挤压过程简单迅速，生产率高，一个工艺凸模可以多次使用。对于多型腔凹膜采用这种方法，生产效率明显提高；

（3）加工精度高（可达 IT7 级或更高），表面粗糙度小（$Ra$=0.32 μm 左右）；

（4）冷挤压的型腔、材料纤维未被切断，金属组织更为紧密，型腔强度**高。**

### 4. 铸造

对于一些大型的模具，可以通过铸造而快速制成。

（1）铸铁。如加工汽车外壳等大件且不规则形状的模具，一般都用铸造方法制成。铸铁模在制造上的优点是可以制成复杂的形状，尺寸不受限制，便于机械加工，而且价格低廉，润滑性好。其缺点是耐磨性差、精度低。

（2）锌合金。锌基合金是一种用铸造方法制造简单模具的典型材料。锌合金可以用于制造冷冲模、注塑、吹塑、陶瓷等模具的工作零件，其特点是熔点低，可铸性好，铸造精度相对较高，而且具有一定的强度和良好的耐磨性、润滑性。但锌基合金材质较软，所以制成的模具寿命短，多用于试制和小批量生产的模具。

（3）合成树脂。合成树脂制作模具有湿式叠层法和浇注法。前者是指添加了硬化剂的树脂浸渗在玻璃纤维内，按模型逐次地叠起来，硬化后即为所需的模具零件。由于玻璃纤维的增强作用，使模具具有较好的抗磨性能；浇注法制造模具是用加入硬化剂的树脂，浇注在用模框围起来的模型上，树脂固化后与模型分离即成模具零件。合成树脂的优点是容易快速制模，轻而不锈，复制和维修都较为简单。但其耐磨性差，变形大，强度不高，易老化。

大量实践证明，用铸造方法代替机械加工方法（特别是对形状复杂的立体曲面的加工）制造模具零件，可以缩短模具制造周期，简化模具结构，降低模具成本。这种制模技术对新产品试制、老产品改型、中小批量、多品种的产品生产具有明显的经济效益。

**5. 焊接与粘接**

焊接与粘接法制模是将分散加工好的模块焊接或粘接在一起形成所需的模具。这种制模方法与整体加工相比，简单、快速、省料、尺寸大小不受限制。但其精度难以保证，易残留热应力及内应力，承受冲击的能力差。主要用于精度要求不高的大型模具的制造，或用于模具的修复。

在模具制造中，没有哪一种加工方法能适应所有的要求。这就需要我们充分了解各种加工方法的特点，综合判断其加工可能性和局限性，选取与要求相适应的方法，或把一种加工方法与其他加工方法综合应用，以达到良好的加工方面效果。

随着现代制造业的迅速发展模具制造已多样化，基于并行工程的模具快速制造、快速成形技术、高速切削技术的应用等新模具技术被广泛应用。本章重点介绍模具的机械加工及电加工等内容。

# 5.2　模具零件的机械加工

机械加工是制造模具零件的主要手段之一。即将原材料在普通机床、精密机床、仿形机床、数控机床等机床上，按图纸要求加工成所需的模具零件。这些模具零件主要包括模架组成零件、模具工作型面等。

## 5.2.1　模架组成零件的机械加工

模架是模具的基体和骨架。一般由定模座板、定模板、动模板、支承板、垫块、推杆、动模座板、导柱、导套、复位杆和紧固杆等导向与支承零件组成，其主要作用是把模具工作部分的零件安装起来，并保证模具在机床上工作时能正确地导向。另外，塑料模模架组成零件还有浇口套、侧型芯滑块、弯销等，其作用是注射熔融塑料的通道和分模抽芯。

模架的结构有很多种类，主要有冲模模架和塑料模模架。冲模模架图片如图 5-1 所示，常见的冲模模架结构如图 5-2 所示。模架有标准和非标准模架两类。标准模架是专业模具厂按照模架国家标准生产的模架，模架的结构和尺寸都已标准化（GB/T 2851.1—1900～GB/T 2851.7—1900，GB/T 2852.1—1900～GB/T 2852.3—1900）。非标准模架是企业内部根据设计要求自己生产的模架。

模架尽管其结构各不相同，但他们的主要支承零件如模座、垫板、固定板都属于平板类零件，需进行平面加工及孔系加工；模架中的导柱和导套属于机械加工中常见的套类和轴类零件，都需进行内、外圆柱表面的加工。

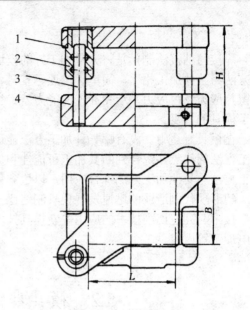

图 5-1　冲模模架图

图 5-2　冲模模架

1—上模座　2—导套　3—导柱　4—下模座

（1）上、下模座的加工。上、下模座是用来安装导柱、导套、连接凸模和凹模固定板等相关零件，并在加工设备上起安装定位作用。其结构尺寸已标准化。模座材料一般多采用铸铁或铸钢。

模座的加工主要是平面加工和孔系加工。为了加工方便和保证模座的技术要求，应先加工平面，再以平面定位加工孔系。模座毛坯表面经过铣（或刨）削加工后，再磨上、下平面以提高平面度和上、下平面的平行度，再以平面作主要定位基准加工孔系，同时保证孔加工的垂直度要求。上、下模座的孔系加工，根据工厂实际生产条件，在镗床、铣床或摇臂钻等机床上采用座标法或利用引导元件进行。为了使导柱、导套的孔中心距尺寸一致，在镗孔时经常将上、下模座重叠在一起，一次装夹同时镗出导套和导柱的安装孔，也可以利用加工中心，采用相同的座标程序，分别完成上、下模座孔系的钻、扩或镗孔工序。

（2）导柱和导套的加工。图 5-3 所示为导柱和导套的标准结构形状。它们在模具中起定位和导向作用，保证凸、凹模在工作时具有正确的相对位置。为了保证良好的导向，导柱和导套在装配后应保证模架的活动部分移动平稳。所以在加工中除了保证导柱、导套配合表面的尺寸和形状精度外，还应保证导柱和导套配合面之间的同轴度要求。

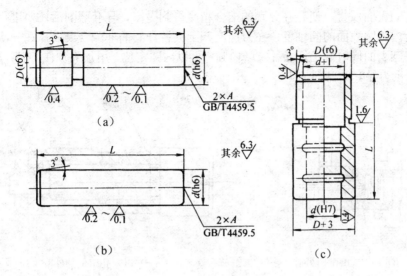

**图 5-3　导柱和导套**

（a）、（b）导柱　（c）导套

图 5-4 所示是在车床上用磨削方法修整中心孔的示意图，加工时，用三爪自定心卡盘夹持锥形砂轮，在被磨削的中心孔处，加入少量煤油或机油，手持工件，利用车床尾座顶尖支撑，开动车床，利用车床主轴的转动进行磨削。用这种方法修正中心孔效率高，质量好，但砂轮磨损快，需要经常修整。

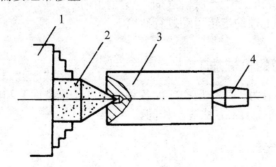

**图 5-4　磨削方法修整中心定位孔**

1—三爪自定心卡盘　2—锥形砂轮　3—工件　4—尾座顶尖

导套是内、外圆表面，导套一般用 20 号圆钢做毛坯，导套车削时，先车削内孔，并留有磨削余量 0.3～0.5 mm，再以孔为基准，车削外圆。渗碳层深度为 0.8～1.2 mm，淬火后表面硬度为 56～62 HRC。在内圆磨床上磨削内孔，并留有珩磨余量 0.01～0.015 mm。为了提高内孔的表面质量，使导柱导套的配合精度得到提高，导套磨削后还要进行珩磨。为了保证导套内外圆表面的同轴度，在万能磨床上夹持导套的非配合表面，在一次装夹中将导套的内外圆表面同时磨出。或者先磨内圆，再以内圆定位，用顶尖顶住心轴，磨削外圆。如图 5-5 所示为导套的磨削加工。

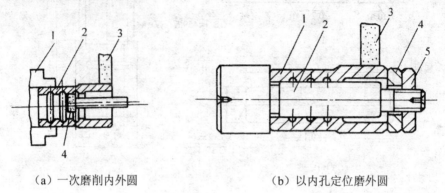

（a）一次磨削内外圆　　　　　　　　　　　（b）以内孔定位磨外圆

**图 5-5　导套的磨削加工**

1—夹头　2—导套　3、4—砂轮　　　　　　1—导套　2—心轴　3—砂轮　4—垫片　5—螺母

　　经过粗加工、热处理及外圆磨削之后，对导柱和导套进行研磨加工，目的是进一步提高被加工表面的质量，以达到设计要求。生产数量大时，可以在专用研磨机床上研磨，单件小批生产时可采用简单的研磨工具在普通车床上进行研磨。研磨时将导柱安装在车床上，由主轴带动旋转，导柱表面涂上一层研磨剂，然后把研磨工具套装在导柱被研磨表面上，利用滑板的往复运动和主轴的旋转运动进行研磨。

### 5.2.2　模具工作型面的机械加工

　　模具工作型面通常分为外工作型面（如各种凸模的工作型面）和内工作型面（如各种凹模的工作型面），它们的加工方法各不相同。

　　**1. 外工作型面加工**

　　凸模是冲裁模的主要零件，其工作表面的加工方法与其形状、尺寸及精度有关，由于冲裁件的形状各异，凸模刃口的形状也多种多样。从工艺角度考虑，凸模大致分为圆形和非圆形两类。如图 5-6 所示为圆形凸模图片。

　　（1）圆形凸模的加工方法。圆形凸模加工比较简单，首先经车削加工，留适当磨量，经热处理后，用外圆磨削即可达到技术要求，如图 5-7 所示为圆形凸模。

图 5-6　圆形凸模图片

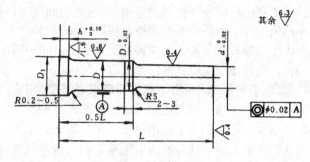

图 5-7　圆形凸模

圆形凸模工作部分相对固定部分具有 0.02 同轴度位置公差要求，一般在加工时，可通过一次装夹或采用同一定位基准安装加工的工艺措施来保证。

（2）非圆形凸模的加工方法。对于非圆形凸模，传统的加工方法有压印法加工、铣削加工、成形磨削加工等。这些加工方法都是在热处理前进行的，由于热处理变形，因此凸模的加工精度不高，并且生产效率低。

① 铣削加工。在铣床上加工凸模，一般按划线加工，在加工时铣床的工作台和固定在铣床工作台上的坯料，采用手工操纵纵横向进给，留一定修正量 0.15～0.30 mm 以利用钳工最后修整成形。

② 压印法加工。非圆形凸模用凹模压印锉修制造凸模刃口，是模具钳工经常应用的一种模具制造方法，尤其在缺乏专用制模设备的情况下，采用此法十分有效。图 5-8 所示的凸模，压印前，根据非圆形凸模的形状和尺寸准备坯料，在车床上或刨床上预加工毛坯各表面，在端面上按刃口轮廓划线，在铣床上按划线粗加工凸模工作表面，并留有压印后的锉修余量 0.15～0.25 mm（单面）。

压印时，在压力机上将未经淬火的凸模压入已淬硬的成形凹模内，凸模上出现凹模的印痕，再根据印痕把多余的金属锉去，如图 5-9 所示。经反复多次压印，压印深度应逐渐加大，不断锉修，直到全部凸模加工完成为止。

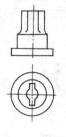

图 5-8　凸模

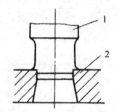

图 5-9　用凹模压印

1—凸模　2—凹模

　　为了减小压印表面的粗糙度值,可事先将凹模刃口用油石磨出 $R = 0.1\text{mm}$ 左右的圆角,并在凸模表面涂一层硫酸铜溶液,以减少摩擦。

　　压印锉修最适于加工无间隙冲模,加工有间隙时,间隙值的均匀性较难保证。对于圆形凸模,也可使用压印锉修法加工。

　　③ 成形磨削。成形磨削是零件成形表面精加工的一种主要方法,可以用来对凸模、凹模镶块、电火花加工用的电极等成形表面进行精加工,也可以加工硬质合金和热处理后硬度很高的模具零件。成形磨削可以在成形磨床、平面磨床上进行。其基本原理是把构成零件形状的复杂几何形线分解成若干简单的直线段和圆弧,然后进行分段磨削,使构件零件的几何形线互相连接圆滑、完整,达到图样的技术要求。

　　非圆形凸模的加工还可以采用仿形法加工,如采用仿形刨床加工,用于直线和圆弧组成的复杂形状凸模的精加工,如采用仿形车床加工,用于多种回转体曲面的加工等。

　　**2. 型孔加工**

　　(1) 圆形型孔。圆形型孔的加工比较简单,其粗加工可用车、钻、镗等方法进行,热处理后的精加工一般多选用磨削,其加工精度达 IT5~6 级,粗糙度可达 $Ra1.25~0.16\ \mu\text{m}$。当型孔过小,直径小于 5 mm 时,使用磨削加工较困难,这时可先用钻、铰进行粗加工和半精加工,热处理后进行研磨和抛光,以达到要求的精度和表面粗糙度。

　　(2) 系列圆形型孔。系列圆形型孔在多孔冲模或级进模中,凹模往往带有一系列圆孔,各孔的尺寸及其相对位置都有一定的要求,这一系列的孔通常称为孔系。孔系的加工一般采用高精度的坐标镗床和立式铣床加工。

　　① 用坐标镗床加工。坐标镗床是一种利用坐标测量系统测量并加工直角坐标孔系和极坐标孔系的高精度机床。坐标镗床设有误差补偿功能的精密丝杠、游标精密直尺、光学读数装置等工具,用来控制工作台的移动,其精度可达 0.005 mm。此外还设有精密回转工作台,可加工圆周分布的孔系。另外,坐标镗床上的千分表中心校准器、光学中心显微镜、标准校正棒、端面定位工具等附件可供找正工件用;弹簧样冲、精密夹头及镗杆等工具可供装夹刀具用。

　　坐标镗床只能在工件热处理前进行加工,热处理后加工精度会下降。因此,精度较高的凹模一般都做成镶块结构,如图 5-10 所示。固定板 1 精加工后不进行热处理,而是将凹模镶件 2 进行淬火和磨削后分别压入固定板的各个孔内。

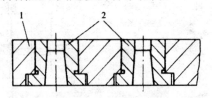

图 5-10　凹模的镶块结构

1—固定板　2—凹模镶块

② 用立式铣床加工。在立式铣床上用坐标法加工孔系，加工时，在铣床上直接利用工作台的纵、横刻度盘来确定孔的位置，孔间距精度只能达到 0.06～0.08 mm。若在铣床工作台的纵横移动方向上安装量块和百分表测量装置，可使孔间距精度达到 0.02 mm。

图 5-11 为用立式铣床加工孔系的示例。加工前，在铣床主轴孔中装一根检验棒 2（直径为 $d$），以找正工件相对于立式铣床主轴的中心位置。工作台沿纵向、横向移动找正工件位置，刀具中心与立式铣床主轴同轴，然后按座标依次加工各孔，其加工精度可达±0.01 mm，移动座标时，应注意沿同一方向顺次移动，避免往复移动造成螺母和丝杆间隙出现较大误差。

③ 用坐标磨床加工。用坐标磨床加工和用坐标镗床加工的有关工艺步骤类似，也是按准确的座标位置来保证加工孔中心距尺寸的精度要求，只是将镗刀改为砂轮。坐标磨床的砂轮能完成三种运动，即砂轮的高速自转、行星运动及砂轮沿机床主轴轴线方向的直线往复运动。如图 5-12 所示。用坐标磨床可以进行规则或不规则的内孔与外形磨削。根据所用磨床不同，目前坐标磨床加工主要有手动坐标磨削加工和连续轨迹数控坐标磨削加工。随着数控技术在坐标磨床上的应用，出现了点位控制坐标磨床和计算机数控连续轨迹坐标磨床，前者适于加工尺寸和位置精度要求高的多型孔凹模零件；后者适用于某些精度要求高、形状复杂的内外轮廓零件。

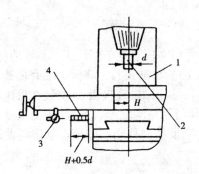
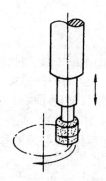

图 5-11　用立式铣床加工孔系　　　　　　图 5-12　砂轮的三种基本运动
1—立铣床　2—检验棒　3—千分表　4—量块组

## 3. 型腔加工

型腔是模具中的主要成形零件，其主要作用是成形制件中的外形表面。一般分为回转曲面型和非回转曲面型表面。前者可以用车削、镗削、内外圆磨削和坐标磨床磨削，工艺过程一般都比较简单。而非回转型曲面型腔加工要困难得多，往往需要使用专门的加工设备和进行大量的钳工操作，劳动强度大，生产效率低。

（1）普通机械加工。普通机械加工是利用车床、铣床、磨床对型腔进行切削加工。

① 车削。型腔曲面的车削常靠一些专用工具进行。常用的车削专业工具及使用方法介

绍如下。

- 球面车削工具。型腔中为球形的内表面可以用图 5-13 中的球面车削工具进行切削。图中固定板 2 和车床导轨相固定连接。连杆 1 的长度是可以调定的，它一端与固定板销轴铰接，另一端与调节板 3 销轴连接，调节板 3 用制动螺钉紧固在中滑板上，当中滑板横向自动进刀时，由于连杆 1 的作用，使床鞍作相应的纵向移动。而连杆绕固定板销轴回转，使刀尖作圆弧运动。车削凹形球面半径的大小由调节连杆的长短决定。

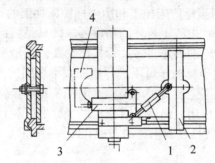

图 5-13　球面车削工具

1—连杆　2—固定板　3—调节板　4—型腔

- 曲面车削工具。对特殊曲面的型腔表面可用靠模装置车削加工。靠模的种类较多，图 5-14 为一种将靠模安装在车床导轨后面的车削工具。靠模 1 上有曲线沟槽，槽的形状、尺寸与形腔表面的母线形状、尺寸相同。连接板 2 安装在机床的中滑板上，滚子 3 安装在连接板的端部并正确地与靠模沟配合（同时将中滑板丝杆抽掉）。车削时，床鞍纵向移动，中滑板和车刀随模横向移动，即可车削出与曲线沟槽完全相同的型腔表面。

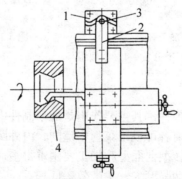

图 5-14　曲面车削工具

1—靠模　2—连接板　3—滚子　4—工件

● 盲孔内螺纹自动退刀工具。塑料模中的型腔有的为螺纹型腔，其精度要求较高，表面粗糙度值要求较小，螺纹退刀部分的表面质量和长度也有较严格的要求。为了保证型腔的加工质量，对型腔中的螺纹部分可采用图 5-15 的盲孔内螺纹自动退刀工具。

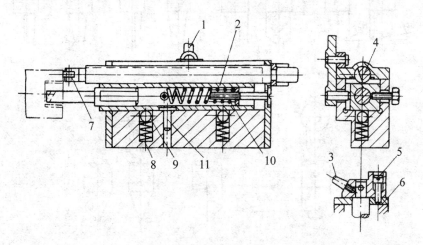

图 5-15　盲孔内螺纹自动退刀工具

1、3—手柄　2—滑块　4—半圆轴　5、11—销钉
6—垫板　7—滚动轴承　8—弹簧　9—滚珠　10—拉力弹簧

使用时，工具装在刀架上，扳动手柄 1，将滑块 2 向左拉出，同时扳手柄 3 使半圆轴 4 转动将滑块 2 下压（此时销钉 11 位于滑块 2 的槽内），并将半圆轴在轴向推进，使销钉 5 插入盖板 6 的孔内。调节好刀头与半圆头端部（装滚动轴承）的距离，即可车削。当加工至接近要求的螺纹深度时，滚动轴承 7 撞在工件端面上，将半圆轴向右推，销钉 5 从盖板 6 的孔中弹出，在弹簧 8 的作用下通过滚珠 9 将滑块 2 向右拉回，完成了一次退刀。

② 铣削。铣床种类很多，加工范围较广，在型腔加工中应用最多的是摇臂铣床、立式铣床、万能工具铣床。由于模具生产多为单件生产，所以加工时常按毛坯上划出的轮廓线，手动操作机床工作台进行铣削加工。加工时需要在被加工表面留适当的修磨、抛光余量，由钳工进行修整才能成为合格的型腔。由此可见，手动操作劳动强度大，对工人的操作技能要求较高。

铣削加工时，为了能加工出各种形状的型腔表面必须准备各种不同形状和尺寸的铣刀。图 5-16 所示为单刃指状铣刀。这些适用于不同用途的铣刀，制造方便，通常由操作者在现场刃磨，可及时满足加工需要。在加工表面质量较高的型腔时，应尽可能采用双刃立铣刀或多刃立铣刀进行铣削。由于这种铣刀铣削时受力平衡，铣削精度较高，能比单刃铣刀承受更大的切削量，双刃、多刃立铣刀已有标准产品，可直接从市场采购，节省刃磨时间。

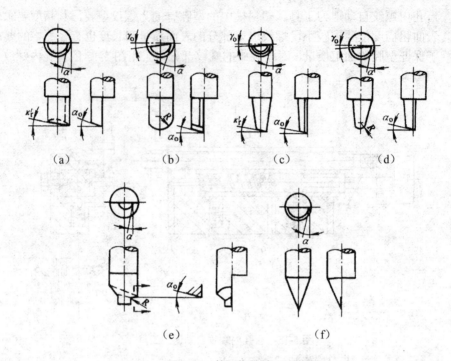

图 5-16　单刃指状铣刀

（a）用于平底、垂直侧面加工　　（b）用于侧面垂直、底部为圆弧工件的加工
（c）用于平底斜侧面的加工　　（d）用于斜侧面、底部为圆弧槽的工件加工
（e）用于凸圆弧面加工　　（f）用于刻铣细小文字及花纹
$\alpha$—后角（一般取 25°）　　$\alpha_o$—副后角（一般取 15°）
$\gamma_0$—前角（一般取 15°）　　$k_r'$—副偏角（一般取 15°）

　　③ 仿形铣床铣削。仿形铣床一般用于铣削大型模具的非回转面型腔。加工时按照预先制好的靠模，在模坯上加工出与靠模形状完全相同的型腔。这种方法自动化程度高，能减轻工人的劳动强度，铣削效率为电火花加工的 40～50 倍。

　　我国生产的三坐标自动仿形铣床有多种类型，都可以在 $X$、$Y$、$Z$ 三个方向互相配合完成进给运动，以加工形状复杂的型腔。XB4480 型仿形铣床工作原理如图 5-17 所示。

　　仿形仪 5 安装在主轴箱上，铣削时其左侧的仿形销 4 始终压在靠模 13 的表面。当刀具进给时仿形销 4 将依次与靠模 13 表面上的不同点接触，从而使仿形销的轴杆产生轴向位移和平移，推动仿形仪 15 的信号元件发出电控制信号。该信号经过放大后就可用来控制进给系统的驱动装置，使刀具产生相应的随动进给，完成仿形加工。

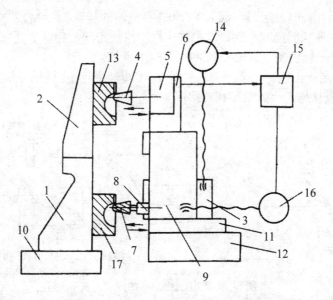

**图 5-17　XB4480 型仿形铣床工件原理**

1—下支架　2—上支架　3—立柱　4—仿形销　5—仿形仪　6—仿形仪座
7—铣刀　8—主轴　9—主轴箱　10—工作台　11—滑座　12—座身
13—靠模　14、16—驱动装置　15—仿形仪　17—工件

（2）数控机床加工。指在数控机床上进行零件切削加工的一种工艺方法。数控加工与普通加工方法的区别在于控制方式。在普通机床上进行加工时，机床动作的先后顺序和各运动部件的位移都是由人工直接控制。在数控机床上加工时，所有这些都由预先按规定形式编排并输入到数控机床控制系统的数控程序来控制。因此，实现数控加工的关键是数控编程。由于通过重新编程就能加工出不同的产品，因此它非常适合于多品种，小批量生产方式。随着数控机床的发展，模具制造中已广泛采用数控铣床，加工中心加工型腔。

① 数控铣床加工。控铣床以数字和文字编码方式输入控制指令，经过计算机处理和计算，即可对铣床动作顺序、位移量以及主轴转速、进给速度等实现自动控制，从而完成对模具型腔的铣销加工。

● 数控铣床加工的优点

a. 加工精度高，一般可达 0.01～0.02 mm，且工件的形状越复杂就越能显示其优越性。

b. 在加工相同型腔时采用同一加工程序，可保证各型腔形状尺寸的准确性。

c. 通过数控指令可实现加工过程自动化，减少停机时间，使加工的生产效率提高。

d. 除手工装夹毛坯和刀具外，全部加工过程都由数控铣床自动完成，自动化程度高。

e. 适应性强，生产周期短，可省去靠模、样板等工具。

f. 便于建立计算机辅助设计（CAD）和计算机辅助制造（CAM）一体化。

● 加工三维形状的控制方式。数控铣床加工三维形状的控制方式分为二又二分之一
轴控制、三轴控制、五轴控制，如图 5-18 所示。

a. 二又二分之一轴控制。该方式是控制 X、Y 两轴进行平面加工，高度 Z 方向只移动
一定数量作等高线状加工，如图 5-18a 所示。

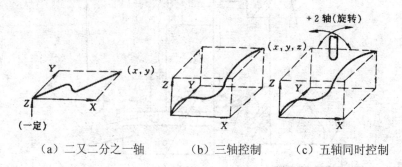

（a）二又二分之一轴　　　（b）三轴控制　　　（c）五轴同时控制

图 5-18　加工三维形状的控制方式

b. 三轴控制。同时控制 X、Y、Z 三个方向的运动，进行轮廓加工，如图 5-18b 所示。

c. 五轴控制。除控制 X、Y、Z 三个方向的运动外，铣刀轴还作两个方向的旋转，如
图 5-18c 所示。由于五轴同时控制，铣刀可作两个方向的旋转，在加工过程中可使铣刀轴
线常与加工表面成直角状态，因此不仅可提高加工精度，而且还可以对加工表面的凹入部
分进行加工，如图 5-19 所示为三轴控制与五轴控制的比较。

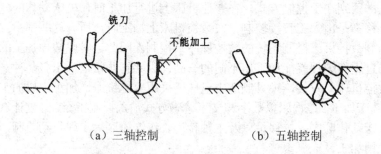

（a）三轴控制　　　　　　　（b）五轴控制

图 5-19　三轴控制与五轴控制比较

● 数控铣削的加工步骤

a. 加工前的准备工作。为了有效地利用数控铣床，模具型腔的粗加工应尽可能在普通
铣床上进行。一般型面留 1～2 mm 数控铣削余量。

b. 工件的定位与装夹。按程序要求将工件在铣床上定位装夹，以确定工件在铣床坐标
系的位置。

　　c. 确定程序原点。对工件进行 $X$、$Y$、$Z$ 方向对刀，已确定铣床主轴中心线相对与工件的位置。将刀具安装在铣床主轴上，用对刀块确定刀位点在 $Z$ 轴方向的位置，使之符合加工程序的要求。

　　d. 铣床的其他调整。检查主轴和导轨润滑，设定刀具半径补偿值。

　　e. 试运转。在正式加工前应将主轴最少抬起 0.01mm 进行试运转，以验证程序的正确性。

　　f 切削加工。上述完成后，即可启动铣床进行自动加工。根据加工要求，对切削用量用旋钮进行必要的调整。

　　② 加工中心加工。加工中心是将钻床、镗床及铣床的加工功能集中在一起，形成了一个以工件为中心的多工序自动加工机床。加工中心具有快速换刀功能，并且刀具库能容纳几十把甚至上百把刀具，能进行铣、钻、镗、攻螺纹等多种加工。工件在机床上一次装夹后，即可完成绝大部分或全部加工，这样不仅避免了调换机床和重复装夹产生的误差，特别是减小了不同要素之间的位置精度，还提高了设备的运转率。

　　使用加工中心加工模具型腔或其他零件，只要有自动编程装置和 CAD/CAM 提供的三维形状信息，即可进行三维形状的加工。从粗加工到精加工都可进行预定刀具和切削条件的选择，因此使加工过程可连续进行。

　　(3) 型腔的表面加工。模具型腔的表面精加工是模具加工中未能很好解决的难题之一，也正是模具钳工劳动强度大、成为模具加工瓶颈的原因之一。特别反映在硬度较大的金属型腔模具进行最后组装过程。我国目前仍以手工研磨抛光为主，不仅质量不稳定、周期长，而且工人作业环境差，制约了我国型腔模具向更高层次发展。对于模具复杂型腔和一些狭缝的曲面精加工，传统的机加工方法已无法胜任，必须采用其他的工艺措施，如电化学或电化学机械光整加工技术。

　　型腔的表面加工主要是机械抛光和研磨。为了去除型腔机械加工和电火花加工后在其表面上残留的加工痕迹，减少表面粗糙度值，就需要对其进行抛光或研磨。抛光程度取决于型腔表面的要求，从修去加工痕迹到加工成镜面状态，所占工时比重很大，复杂形状的塑料模型的抛光工时可占总工时的 45%左右。现在，尽管所有的计算机控制技术可以利用，但是，模具制造中表面抛光依然是人工方法占据主导地位。抛光车间仍然保留着这种最经济、最有效的工作方式。

　　抛光加工可分手工抛光和机械抛光。由于手工抛光加工时间长、劳动消耗大，因而对抛光的机械化和自动化要求非常强烈。随着现代技术的发展，机械抛光加工相继出现了电动抛光、电解抛光、超声波抛光、电解抛光—机械—超声波抛光等复合工艺。常用的机械抛光设备及方法如下。

　　① 圆盘式磨光机。图 5-20 所示为圆盘式磨光机。使用时，手持磨光机，对准加工部位，打开电源开关即可用砂轮对工件表面进行抛光。这种方法抛光精度不高，抛光程度接近粗磨。

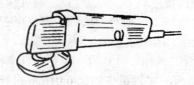

图 5-20　圆盘式磨光机

② 电动抛光机。电动抛光机主要由电动机、传动软轴及手持式研磨头组成。使用时，传动电动机挂在悬架上，电机起动后，通过软轴传动，手持研抛头产生旋转或往复运动。

为适应不同的研磨抛光工作，电动抛光机备有以下三种不同抛光头：

● 手持往复研磨头工能力。工作时研磨头一端连接软轴，另一端安装研具或油石、锉刀等。在软轴传动下，研磨头产生往复运动以适应不同的加工需要。研磨头工作端可按加工需要，在 270° 范围内调整，这种研磨头装上球头杆，配上圆形或方形铜（塑料）环作研具，手持研磨头沿研磨表面不停地均匀移动，可对某些小曲面或形状复杂的表面进行研磨，如图 5-21 所示。研磨时常用金刚石研磨膏作研磨剂。

● 手持直式旋转研磨头。这种研磨头可装夹 $\Phi 2 \sim 12$ mm 的特形金刚石砂轮，在软轴传动下作高速旋转运动，加工时就像握笔一样握住研磨头进行操作，可对型腔的细小部位进行精加工，如图 5-22 所示。取下特形砂轮，装上打光球用的轴套，用塑料研磨套可研抛圆弧部位，装上各种尺寸的羊毛毡抛光头可进行抛光工作。

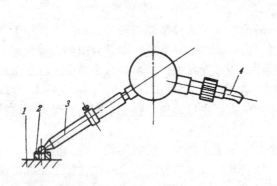

图 5-21　手持往复研磨头

图 5-22　手持直式旋转研磨头

1—工件　2—研磨环　3—球头杆　4—软轴

● 手持角式旋转研磨头。与手持直式研磨头相比，这种研磨头的砂轮回转轴与研磨头的直柄成一定夹角，便于对型腔的凹入部分进行加工。与相应的抛光及研磨工具配合，可进行相应的抛光和研磨工序。

使用电动抛光机进行抛光或研磨时，应根据被加工表面的原始粗糙度和加工要求，选用适当的研抛工具和研磨剂，由粗到细逐步进行加工。操作时移动要均匀，研磨剂涂布不宜过多，采用研磨膏时必须添加研磨液，每次改变不同粒度的研磨剂时都必须将研具及加工表面清洗干净。

③ 电解修磨抛光。电解修磨抛光是在抛光工件和抛光工具之间施以直流电压，利用通电后工件（阳极）与抛光工具（阴极）在电解液中发生阳极溶解作用来进行抛光的一种工艺方法，其原理如图 5-23 所示。加工时只是工具表面凸出的磨粒与工件表面接触，磨粒不导电，防止了两极间发生短路现象；砂轮基体（含石墨）导电，当电流及电解液从两极之间通过时，工件表面产生电化学反应，溶解并生成很薄的氧化膜，这层氧化膜不断被移动的抛光工具上的磨粒刮除，使加工表面重新露出新的金属表面，并继续被电解。电解作用刮除氧化膜交替进行，使加工表面的粗糙度值逐渐减小，工件被抛光。

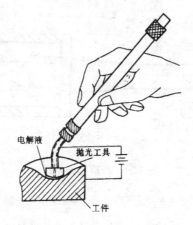

图 5-23　电解修磨抛光原理

电解修磨抛光工具可采用导电油石制造，油石是以树脂作粘接剂与石墨和磨料（碳化硅或氧化铝）混合压制而成。为了获得较好的加工效果，使用时应将导电油石修整成与加工表面相似的的形状。

电解修磨抛光有以下特点：

- 电解修磨抛光不会使工件产生热变形和应力；
- 工件硬度不影响加工速度；
- 型腔中用一般方法难以修磨的部位及形状（如深槽、窄缝及不规则的圆弧等），可采用相应形状的修磨工具进行加工，操作方便、灵活。
- 修磨抛光后，模具表面粗糙度 $Ra$ 一般为 6.3～3.2 μm，对表面粗糙度要求 $Ra<3.2$ μm

的表面，采用其他抛光方法加工较易达到要求。

● 装置简单，工作电压低，电解液无毒，生产安全。

④ 超声波抛光。超声波抛光是利用超声振动的能量，通过机械装置对型腔表面进行抛光加工的一种超声加工工艺方法。

图 5-24 所示为超声波抛光原理图，超声发生器能将 50 Hz 的交流电转变为具有一定功率输出的超声频振荡。超声换能器将输入的超声频振荡转换成超声机械振动，并将机械振动传递给变幅杆加以放大，最后传至固定在变幅杆端部的抛光工具，使工具也产生超声振动。在抛光工具的作用下，工作液中悬浮的磨粒产生不同的剧烈运动，大颗粒的磨粒高速旋转，小颗粒磨粒上下左右高速跳跃，大、小磨粒对加工表面的细微切削作用，使加工表面微观不平度的高度减小，表面粗糙度值减小，表面被抛光。按这种原理设计的抛光机称为散粒式超声抛光机，也可以将磨料与工具制成一个整体，如同油石一样，使用时不需另加磨料，只要加入工作液即可。

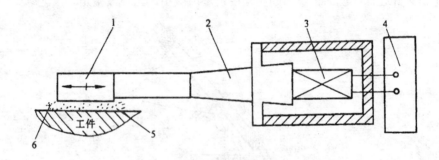

图 5-24　超声抛光原理

1—抛光工具　2—变幅杆　3—超声换能器　4—超声发生器 5—磨粒　6—工件液

超声波抛光加工用的磨料通常是碳化硅、碳化硼或金刚砂等；粗、中抛光时用水做工作液，精细抛光时一般用煤油作工作液。在采用超声波抛光前，工件的表面粗糙度 $Ra$ 不应大于 1.25～2.5 μm，经抛光后，表面粗糙度可达 $Ra=0.63～0.68$ μm。抛光精度与操作者的经验和技术有关。

超声抛光的加工余量，与抛光前的表面质量和抛光后的表面质量有关。最小抛光余量应能保证完全消除上道工序形成的表面微观几何形状误差或变质层的深度。对于电火花加工成形的型腔，抛光余量与电火花加工时采用的电规准有关，精规准加工后的抛光余量一般为 0.02～0.05 mm。

超声抛光的优点是：抛光效率高，能减轻劳动强度；适用于不同材质的各种模具型腔，对窄缝、深槽、不规则圆弧的抛光尤为适用。

# 5.3　模具零件的电加工

现代的模具工厂，不能缺少电加工，电加工可以对各类异形、高硬度零件进行加工，电加工是直接利用电能对金属材料按零件形状和要求加工成形的一种工艺方法。电加工机床有电火花加工机床和电火花线切割机床两大类。它们不但能加工形状复杂、尺寸细小、精度要求较高的冲模零件，而且能有效地加工各种高熔点、高硬度、高韧性材料。电加工的制造精度高、质量好，不受热处理淬火变形影响，因而被广泛地用于模具制造中。

## 5.3.1　电火花加工

### 1.　电火花加工的原理

电火花加工是利用制件和电极之间脉冲放电时的电腐蚀现象，即在一定介质中，通过工具电极和工件之间脉冲放电的电腐蚀作用，对工件表面进行加工，以达到一定的形状、尺寸和表面粗糙度的要求。

图 5-25 所示是电火花加工的原理图。由脉冲电源输出的电压加在绝缘液体介质中的工件 1 和工具电极（以下简称电极）4 上，自动进给调节装置 3（图中仅为该装置的执行部分）使电极和工件保持一定的放电间隙。当电压升高时，会在某一间隙最小处或绝缘强度最低处击穿介质，产生火花放电，瞬时高温使工件和电极表面都被腐蚀掉一小块材料，各自形成一个小凹坑，这种腐蚀实际上就是使金属熔化或气化。脉冲电源连续输出电压电极和工件间连续不断的产生火花放电，电极不断进给，工件表面就不断产生电腐蚀，就可以将电极形状复制在工件上，加工出所需要的成形表面。

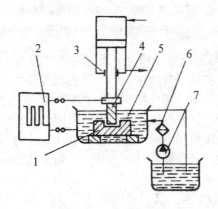

图 5-25　电火花加工的原理图

1—工件　2—脉冲电源　3—自动进给调节装置　4—工具电极　5—工作液　6—过滤器　7—泵

2. 电火花加工的过程

电火花加工一次脉冲放电过程可分为电离、放电、热膨胀、抛出金属和消电离等几个连续阶段：

（1）电离。由于工件和电极表面存在着微观的凸凹不平，在两者相距最近点上的电场强度最大，因此会使附近的液体介质首先被电离成电子和正离子。

（2）放电。在电场力的作用下，电子高速奔向阳极，正离子奔向阴极并产生火花放电，形成放电通道。在放电过程中，两极间液体介质的电阻从绝缘状态的几兆欧姆骤降到几分之一欧姆。由于放电通道受放电时磁场力和周围液体介质的压缩，其截面积极小，电流强度可达 $10^5 \sim 10^6 \text{A/cm}^2$。图 5-26 所示为放电状况微观图。

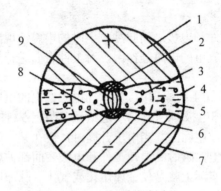

图 5-26　放电状况微观图

1—阳极　2—阳极汽化熔化区　3—熔化的金属微粒　4—工作介质
5—凝固的金属微粒　6—阴极汽化熔化区　7—阴极　8—气泡　9—放电能道

（3）热膨胀。由于放电通道中电子和离子高速运动时的相互碰撞，因此产生大量热能；阳极和阴极表面受高速电子和离子流的撞击，其动能也能转化为热能，因此，在两极之间沿放电通道形成一个温度高达 $10\,000 \sim 12\,000\,℃$ 的瞬时高温热源。在热源作用区的电极和工件表面层金属会很快熔化，甚至汽化。放电通道周围的液体介质除一部分汽化外，另一部分则被高温分解为游离的碳黑和 $H_2$、$C_2H_2$、$C_2H_4$、$C_nH_{2n}$ 等气体（使工作液变黑，在极间冒出小泡）。上述过程是在极短时间（$10^{-7} \sim 10^{-5}\text{s}$）内完成的。因此，具有突然膨胀、爆炸的特性（可听到噼啪声）。

（4）抛出金属。抛出球状颗粒，其直径因脉冲能量而异，一般为 $0.1 \sim 500\,\mu\text{m}$，电极表面则形成一个周围凸起的微小圆形凹坑，如图 5-27 所示。

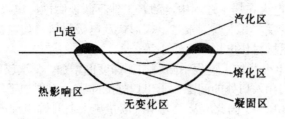

**图 5-27　放电凹坑剖面示意图**

（5）消电离。消电离是使放电区的带电粒子复合为中性粒子的过程。在一次脉冲放电后应有一段时间间隔，使间隙内的介质来得及消电离而恢复绝缘强度，以实现下一次脉冲击穿放电。

一次脉冲放电之后，两极间的电压急剧下降到接近于零，间隙中的离子即恢复到绝缘状态。此后，两极间的电压再次升高，又在另一处绝缘强度最小的地方重复上述的放电过程。多次脉冲放电使整个被加工表面由无数小的放电凹坑构成。工具电极的轮廓形状被复制在工件上，达到加工目的。

在脉冲放电过程中，工件和电极都受到电腐蚀，如果电腐蚀的产品和气泡不及时排除，就会改变间隙内的成分和绝缘程度，使间隙中的热传导和对流受到影响，热量不易排除，带电离子的动能降低，因而减少了带电粒子复合为中性粒子的几率，破坏了消电离过程使脉冲转变为连续电弧放电，影响加工。

**3. 电火花加工的主要特点**

（1）电极和工件在加工过程中不直接接触，两者间的宏观作用力很小，因而不受电极和工件刚度的限制，有利于实现微细加工，如深孔、窄缝等零件。

（2）电极材料不要求比工件材料硬。

（3）可以加工用切削加工方法难以加工或无法加工的材料及形状复杂的工件。

（4）直接利用电、热能进行加工，便于实现加工过程的自动控制。

（5）电脉冲参数可以任意调节，在同一台机床上可以连续进行粗、中、精及精微加工。

**4. 影响电火花加工的主要因素**

电火花加工是一个复杂的多参数输入、多参数输出过程。其主要影响因素如下。

（1）影响加工精度的因素。

① 放电间隙。电火花加工时，电极和工件之间发生脉冲放电需保持一定的距离，该距离称为放电间隙。由于放电间隙的存在，加工出的工件型孔或型腔尺寸与电极相比，沿加工轮廓均匀地大一个间隙值。加工精度与放电间隙的大小是否稳定与间隙是否均匀有关。间隙愈稳定均匀，其加工精度就愈高，工件加工质量也愈好。

② 电极损耗。在电火花加工过程中，随着工件不断被腐蚀，电极也必然要产生损耗。电极损耗要影响加工精度，其主要因素是电极形状及电极材料。如电极的尖角、棱边等凸出部位损耗较快；石墨材料作电极损耗较小等。

③ 加工斜度。在电火花加工过程中随着加工深度的增加，二次放电次数增多，侧面间隙逐渐增大，使被加工孔入口处的间隙大于出口处的间隙，出现加工斜度，使加工表面产生形状误差，如图 5-28 所示。因此应从工艺上采取措施及时排除电蚀产物，减少加工斜度。目前加工斜度可控制在 10° 以下。

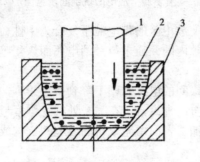

**图 5-28　二次放电造成侧面间隙超大**
1—工具电极　2—电蚀产物　3—工件

（2）影响生产率的主要因素。单位时间内从工件上腐蚀的金属量，称为电火花加工的生产率。生产率的高低受诸多因素的影响；如工件材料的热物理常数、脉冲电源、电蚀产物的排除情况等。增加单个脉冲能量，提高脉冲频率等都是提高脉冲生产率的有效方法。

### 5.3.2　电火花凹模型孔的加工工艺

电火花加工工艺过程一是选择合适的加工工艺方法；二是电极的设计与制造。他们对电火花加工质量影响甚大。

#### 1.　凹模型孔的加工方法

（1）直接加工法。直接加工法是指将凸模直接作为电极加工凹模型孔的方法，如图 5-29 所示。

这种方法是用加长的凸模作为电极，其非刃口端作为电极端面，加工后将凸模上的损耗部分去除。凸、凹模的配合间隙 $Z$ 等于放电间隙。此法可以获得均匀的配合间隙，模具质量高，不需要另外制造电极，工艺简单。但是，电加工性能较差。适用于加工形状复杂的凹模或多型孔凹模，如电机转子、定子硅钢片冲模等。

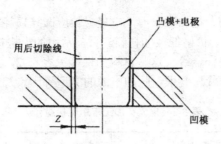

图 5-29 直接加工法

（2）间接加工法。接加工法是分别制造电极和凸模，但凸模要留出一定的余量，用制好的电极加工出凹模型孔，按凹模型孔的尺寸和精度修配凸模并使其达到要求的配合间隙的加工方法。此方法的特点是：电极材料可以自由选择，不受凸模的限制，但凸、凹模配合间隙要受放电间隙的限制。由于凸模、电极均需单独制作，既费工时，放电间隙又不易保证，适用于模具配合间隙 $Z$ 要求较高的场合。

（3）混合加工法。混合加工法是指电极与凸模的材料不同，通过焊接或采用其他粘结剂将他们连接在一起加工成形，然后再加工凹模，待凹模电火花加工后，再将其分开的加工方法，如图 5-30 所示。

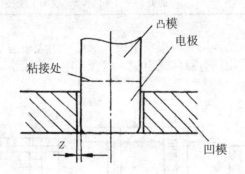

图 5-30 混合加工法

混合加工法的特点是：电极材料可自由选择，所以电加工性能比直接加工法好，电极与凸模连接在一起加工，其形状、尺寸与凸模一致，加工后凸、凹模配合间隙均匀，是一种使用较广泛的方法。

2. 电极的设计

凹模型孔的加工精度与电极的精度和穿孔时的工艺条件密切相关。为了保证凹模型孔的加工精度，设计电极时必须合理地选择材料和确定尺寸，其次是结构合理，便于制造安装。

（1）电极材料。根据电火花加工原理，电极材料应选择损耗小、加工过程稳定、生产率高、易于制造、来源丰富、价格低廉的材料。目前常用的电极材料有黄铜、紫铜、铸铁、钢、石墨、银钨合金及铜钨合金等，这些材料的性能见表 5-2，选用时应根据加工对象及所采用的工艺方法、工件形状与要求、脉冲电源的类型等因素综合考虑。

表 5-2　电火花加工常用电极材料

| 电极材料 | 电加工性能 | | 机加工性能 | 说　明 |
| --- | --- | --- | --- | --- |
| | 稳定性 | 电极损耗 | | |
| 钢 | 较差 | 中等 | 好 | 为常用的电极材料，但在选择电规准时应注意加工的稳定性 |
| 铸铁 | 一般 | 中等 | 好 | 为最常用的电极材料 |
| 黄铜 | 好 | 大 | 尚好 | 电极损耗太大 |
| 纯铜 | 好 | 较大 | 较差 | 磨削困难 |
| 石墨 | 尚好 | 小 | 尚好 | 机械强度较差，易崩角 |
| 铜钨合金 | 好 | 小 | 尚好 | 价贵，在深孔、直壁孔、硬质合金模具加工时用 |
| 银钨合金 | 好 | 小 | 尚好 | 价贵，一般加工中使用较少 |

（2）电极结构。电极结构形式应根据电极外形尺寸的大小与复杂程度、电极结构的工艺性等因素综合考虑。常用的有整体式电极、组合式电极和镶拼式电极三种结构形式，如图 5-31 所示。

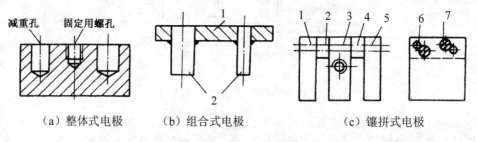

（a）整体式电极　　　（b）组合式电极　　　（c）镶拼式电极

图 5-31　电极的结构形式

1、2、3、4、5—电极拼块　6—定位销　7—固定螺钉

无论采用何种结构，电极都应有足够的强度，以利于提高加工过程的稳定性。电极与轴连接后，其重心应尽量靠近主轴中心线，尤其是较重的电极，否则会产生附加偏心力矩，使电极轴线偏斜，影响模具加工质量。

（3）电极尺寸。电极尺寸包括横截面尺寸及其公差和电极长度尺寸。电极横截面尺寸为垂直于电极进给方向的尺寸；电极长度尺寸取决于凹模结构形式、型孔的复杂程度、加工深度、电极材料、电极使用次数、装夹形式和电极制造工艺等一系列因素。同时还需注意，若加工硬质合金时，由于电极损耗大，电极长度应适当加长，并将加长部分和截面尺寸均匀减小，做成阶梯状，称为阶梯电极。

电极横截面尺寸的公差一般取模具刃口相应尺寸公差的 1/2～2/3。对电极长度方向上的尺寸公差没有严格要求。电极侧面的平行度误差要求在 100 mm 长度上不大于 0.01mm。电极工作表面的粗糙度值不大于凹模型孔的表面粗糙度值。

### 3. 电规准的选择与转换

电火花加工所选用的一组电脉冲参数称为电规准。如电压、电流、脉宽、间歇等，电规准应根据工艺加工要求、电极和工件材料、加工工艺指标等因素来选择。在生产中通常需要用几个电规准来完成凹模型孔的加工。从一个电规准调整到另一个电规准的过程，称为电规准的转换。电规准的选择与转换的好坏，可直接影响到电加工的生产率和冲模的加工质量。

### 4. 凹模型孔电火花加工实例

图 5-32 所示为拉深瓶盖的凹模，凹模型孔侧面有 36 条肋，模具材料为 Cr12MoV，硬度为 60～62 HRC。

由于凹模型孔侧面有 36 条肋，单面有 1°30′的起模斜度，使用常规的配作方法存在一定的难度。采用凸模作电极对凹模型孔侧肋进行电火花加工，如图 5-33 所示。既简单，又能保证凹模型孔内各个肋的尺寸一致性要求。其工艺工程简述如下：

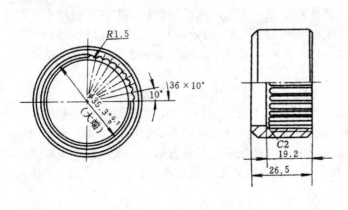

图 5-32 瓶盖凹模零件图

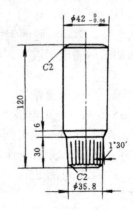

图 5-33 凸模电极零件图

（1）电极（凸模）的制造加工工艺过程。

下料→锻造→退火→粗车→精车→精铣→钳工修整→淬火与低温回火→钳工抛光。或下料→锻造→退火→粗车→精车→淬火与低温回火→磨削成形。

凸模长度应根据模具的结构来确定。作为电火花加工的电极，其长度应根据凹模刃口的高度而定。

（2）凹模加工工艺过程。

下料→锻造→退火→粗车→精车→淬火与低温回火→磨削平面→磨削内外圆→电火花加工凹模型孔。

### 5.3.3　电火花凹模型腔的加工工艺

凹模型腔电火花加工属于盲孔加工，金属蚀除量大，加工过程中要求电规准的调节范围也较大，型腔复杂，电极损耗不均匀，影响加工精度。因此，型腔加工要从设备、电源、工艺等方面采取措施，来减少或补偿电极损耗，以提高加工精度和生产率。

#### 1. 电火花凹模型腔加工方法

（1）单电极平动法。单电极平动法是采用机床的平动头，用一个电极完成型腔的粗、中、精加工的。加工时先采用低损耗（电极相对损耗小于1%）、高生产率的电规准进行粗加工。然后，起动平动头作平面圆周运动。按照粗、中、精的顺序逐级转换电规准，并相应加大电极的平动量，将型腔加工至所要求的尺寸精度及表面粗糙度。图5-34为采用单电极平动法加工时电极上各点的运动轨迹，图中 $\delta$ 为放电间隙。电极轮廓线上的小圆是电极表面上点的运动轨迹，它的半径是电极作平面圆周运动的回转半径。

这种加工方法的加工精度可达到±0.05 mm。单电极平动法的缺点是难以获得高精度的型腔，特别是难以加工出清棱、清角的型腔。此外，电极在粗加工中容易引起不平的表面龟裂，影响型腔的表面质量。为了弥补这一缺点，可采用重复定位精度较高的夹具，将粗加工后的电极取下，经均匀修光后，再装入夹具中，用平动头来完成型腔的最终加工。

（2）多电极更换法。多电极加工方法是利用多个电极，依次更换加工同一个型腔，如5-35所示。每个电极都要对型腔的整个被加工表面进行加工，但电规准各不相同，因此在电极设计时必须根据各个电极所应用电规准的放电间隙来确定电极尺寸，每个电极在加工时都必须把前一个电极加工所产生的电腐蚀痕迹完全去除。一般用两个电极进行粗、精加工即可满足要求。当型腔的精度和表面质量要求很高时，才用三个或更多个电极进行加工。

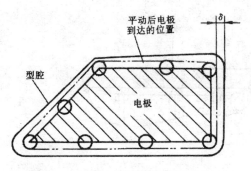

图 5-34　平动加工电极的运动轨迹

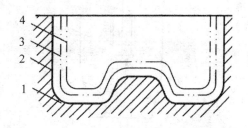

图 5-35　多电极更换法示意图

1—模块　2—精加工后的型腔
3—中加工后的型腔　4—加工后的型腔

多电极更换法加工型腔的仿形精度高，尤其适用于尖角、窄缝多的型腔加工。但它要求多个电极的尺寸一致性好，制造精度高，更换电极时要求定位、装夹精度高。该方法一般只用于精密型腔加工。

（3）分解电极法。分解电极加工法是根据型腔的几何形状，将工具电极分解成主型腔电极和副型腔电极分别加工。先用主型腔电极加工出型腔的主要部分，再用副型腔电极加工型腔的尖角、窄缝等部位。分解电极法根据主、副型腔的不同加工条件，选择不同的电规准，有利于提高加工速度和加工质量，使电极易于制造和修正。但主、副型腔电极的安装精度要求较高。

2. 电极设计与制造

（1）电极材料。型腔加工常用的电极材料主要是石墨和紫铜。这两种材料的共同特点是在宽脉冲加工时都能实现低损耗。石墨电极容易成形、比体积小、质量轻；但脆性大、易崩角。石墨电极具有优良的电加工性，被广泛用于型腔加工。高质量、高强度、高密度的石墨材料，使石墨电极的性能更趋完善，是型腔加工首选的电极材料。紫铜电极制造时不易崩边塌角，比较易于制成薄片和其他复杂形状电极。由于其具有优良的电加工性，因此适合于加工精密复杂的型腔。其缺点是切削加工性能较差、密度较大、价格较贵。

（2）电极结构。电极的结构形式取决于模具的结构和加工工艺。整体式电极通常分为有固定板和无固定板两种形式。无固定板式电极多用于型腔尺寸较小、形状简单、只用单孔冲油或排气的电极，如图 5-36a 所示。有固定板式电极如图 5-36b 所示，固定板的作用是便于电极的制造和使用时的装夹、校正。

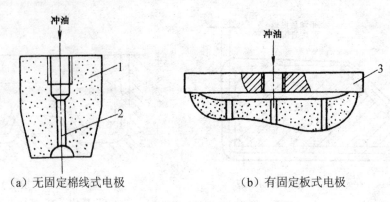

（a）无固定棉线式电极　　　　　　　　　（b）有固定板式电极

图 5-36　整体式电极的结构

1—电极　2—冲油孔　3—固定板

　　镶拼式电极适用于型腔尺寸较大、单块电极坯料尺寸不够，或型腔形状复杂、电极又易于分块制作的场合。这种电极通常用聚氯乙烯醋酸溶液或环氧树脂粘合为一整体的电极。

　　组合式电极适用于一模多型腔加工，可大大提高加工速度，并可简化各个型腔件的定位工序，提高定位精度。这种电极由装在同一固定板上的多个电极构成。

　　（3）电极尺寸。

　　① 电极水平截面尺寸的确定。型腔电极在垂直于机床主轴线方向的截面尺寸，称为型腔电极水平尺寸，如图 5-37 所示。

　　当型腔经过预加工、采用单电极进行电火花精加工时，其水平尺寸的确定只需考虑放电间隙即可。确定方法与型孔加工相同。当型腔采用电极平动加工时，需考虑的因素很多，其计算公式为：

$$a = A \pm Kb$$
$$b = \delta + H_{max} - h_{max}$$

式中：$a$——型腔电极水平方向尺寸；

　　　　$A$——型腔的基本尺寸；

　　　　$K$——与型腔尺寸标注有关的系数；

　　　　$b$——电极单边缩放量；

　　　　$\delta$——粗规准加工的单面脉冲放电间隙；

　　　　$H_{max}$——粗规准加工时表面微观不平度最大值；

　　　　$h_{max}$——精规准加工时表面微观不平度最大值。

　　上式中"＋"、"—"号的确定原则是：当图样上型腔凸出部分对应电极凹入部分尺寸时应放大，取号'＋'。凡图样上型腔凹入部分其相对应的电极凸出部分的尺寸应缩小，取"—"号。

式中 $K$ 值按下述原则确定：当图样中型腔尺寸两端以加工面为尺寸界线时，如果与电腐蚀方向相反，取 $K=2$，如图 5-37 中 $A_1$。若与电腐蚀方向向同，取 $K=1$，如图 5-37 中 $R_1$、$R_2$。图样上型腔中心线之间的位置尺寸及角度，电极上相对应尺寸不缩不放，取 $K=0$，如图 5-37 中的 C。

② 型腔电极垂直尺寸（高度尺寸）的确定。型腔电极与机床主轴轴线相平行的尺寸，称为型腔电极的垂直尺寸，如图 5-38 所示。

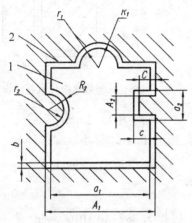
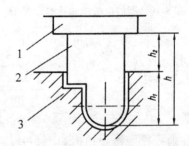

　　图 5-37　电极水平截面尺寸　　　　　　　图 5-38　电极垂直方向尺寸
　　　1—电极　2—型腔　　　　　　　　　1—电极固定板　2—电极　3—工件

型腔电极在垂直方向的有效工作尺寸用下式确定：

$$H=h+h_1+h_2$$

式中：$H$——型腔的垂直尺寸，mm；

$h$——型腔电极在垂直方向的有效工作尺寸，mm；

$h_1$——型腔电极需要伸入型腔内的增加高度，mm；

$h_2$——加工终了时电极固定板与模具之间的高度，mm；一般取 5～20 mm。

在确定型腔电极垂直方向的有效工作尺寸时(主要考虑型腔电极损耗)，可按下式计算：

$$h=l+l_1+l_2$$

式中：$l$——型腔名义深度尺寸，mm；

$l_1$——粗加工时型腔电极长度损耗，mm，一般取 $l_1=0.02l$；

$l_2$——精加工时型腔电极长度损耗，一般取 $l_2=0.4l_3$，$l_3$ 为精加工时的修光深度，一般约为 0.4 mm。

3. 排气孔和冲油孔

由于型腔加工的排气、排屑条件比型孔加工时困难，为防止排气、排屑不畅，影响加工速度、加工稳定性和加工质量，应在型腔电极设置适当的排气孔和冲油孔。一般情况下，冲油孔要设置在难于排屑的拐角、窄缝处，如图 5-39 所示，排气孔要设计在电腐蚀面积较大的位置或型腔电极端部有凹入的位置，如图 5-40 所示。

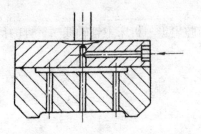

图 5-39　型腔电极冲油孔的设置

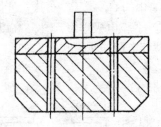

图 5-40　型腔电极排气孔的设置

冲油孔和排气孔的直径应小于平动偏心量的 2 倍，一般为 1～2mm。直径过大会使电蚀表面形成凸起，不易清除。各孔之间的距离约为 20～40mm，以不产生气体和电蚀产物的积存为准。

4. 凹模型腔电火花加工实例

注射模型腔镶块结构如图 5-41，材料为 40Cr，硬度为 38～40 HRC，加工表面粗糙度值 $Ra$ 为 0.8 μm，要求型腔侧面棱角清晰，园角半径小于 0.3mm。

（1）方法选择。选用单电极平动法进行加工，为了保证侧面棱角清晰（$R<0.3$mm），其平动量应小，取 $\delta\leq0.25$ mm。

（2）电极。

① 电极材料，选用锻造纯铜。

② 电极结构与尺寸，如图 5-42 所示。

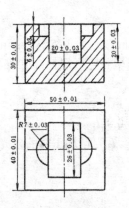

图 5-41　注射模型腔镶块结构

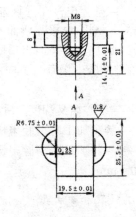

图 5-42　电极结构与尺寸

③ 电极制造，电极可以用机械加工与钳工修整的方法进行制造，也可用电火花线切割加工。其工艺过程如下：

备料→刨（铣）削六方→划线→机械加工→加工螺孔→电火花线切割加工圆弧→钳工修正

（3）型腔镶块坯件加工。型腔镶块电火花加工前必须对坯件进行机械加工，其工艺过程为：

备料→刨（铣）削六方→调质处理→磨削六方表面（保证长、宽尺寸精度）

（4）型腔镶块电火花成形加工。采用数控电火花成型机床，选用表 5-3 中的电规准和平动量对型腔进行加工。

表 5-3　型腔加工电规准转换与平动量分配

| 序号 | 脉冲宽度 /μs | 脉冲电源 幅值/A | 平均加工 电流/A | 表面粗糙度 $Ra/\mu m$ | 单边平动量 /mm | 端面进给量 /mm |
|---|---|---|---|---|---|---|
| 1 | 350 | 30 | 14 | 10 | 0 | 19.90 |
| 2 | 210 | 18 | 8 | 7 | 0.1 | 0.12 |
| 3 | 130 | 12 | 6 | 5 | 0.17 | 0.07 |
| 4 | 70 | 9 | 4 | 3 | 0.21 | 0.05 |
| 5 | 20 | 6 | 2 | 2 | 0.23 | 0.03 |
| 6 | 6 | 3 | 1.5 | 1.3 | 0.245 | 0.02 |
| 7 | 2 | 1 | 0.5 | 0.6 | 0.25 | 0.01 |

## 5.3.4　电火花线切割加工

### 1. 电火花线切割加工原理

电火花线切割加工也是通过电极和工件之间脉冲放电时的电腐蚀作用，对工件进行加工。其加工原理与电火花加工相同，但加工中利用的电极是电极丝（钼丝或铜丝），线切割加工原理如图 5-43 所示。工件通过绝缘板 7 安装在工作台上，工件接在脉冲电源的正极，电极丝接在负极。加工时，电极丝 4 穿过工件 5 上预先钻好的小孔（穿丝孔），经导轮 3 和贮丝筒 2 带动往复交替移动。根据工件图样编制加工程序并输入数控装置，数控装置 1 根据加工程序发出指令，控制两台步进电机 10，以驱动工作台移动而加工出平面任意曲线。高频脉冲电源 8 产生脉冲电能，工作液由喷嘴 6 喷向加工区并产生电火花，使工作表面形成凹坑。

电火花线切割加工时，通过工作台的纵、横进给控制电极丝与工件的相对运动，可以保证工件的截面形状和尺寸精度。目前，电火花线切割数控机床都采用数控装置来控制工作台的纵、横进给运动，它根据操作者预先编制和输入的数控程序，自动控制机床完成工件的线切割加工。

按走丝速度的不同,电火花线切割数控机床可分为慢走丝和快走丝线切割机床。快走丝线切割机床采用直径为 0.08～0.22 mm 的钼丝作电极,往复循环使用。走丝速度为 8～10 m/s,可达到的加工精度为 ±0.01 mm, 表面粗糙度值 $Ra$ 为 6.3～3.2 μm。慢走丝线切割机床的走丝速度是 3～12 m/min,采用铜丝作为电极单向移动,可达到的加工精度为 ±0.001 mm, 表面粗糙度值 $Ra$ 大于 0.4 μm。这类机床的价格比快走丝线切割机床高。

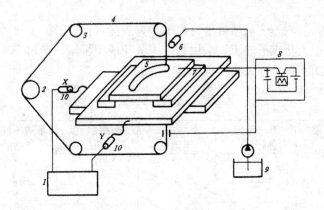

图 5-43　线切割加工原理

1—数控装置　2—贮丝筒　3—导轮　4—电极丝　5—工件　6—喷嘴

7—绝缘板　8—高频脉冲电源　9—工作液箱　10—步进电动机

**2. 电火花线切割加工的特点**

电火花线切割加工与电火花加工比较,具有以下特点:

(1) 不需要制作电极。

(2) 电极丝沿长度方向运动,加工中损耗少,对加工精度影响小,有利于排屑。

(3) 能方便地加工精密、形状复杂而细小的内、外形面。

(4) 自动化程度高,操作方便。

(5) 不能加工母线不是直线的表面和盲孔。

**3. 电火花线切割加工的编程**

要使数控线切割机床按照预定的要求,自动完成切割加工,首先要把被加工零件的切割顺序、切割方向及有关参数信息,按一定格式记录输入给机床的数控装置,经数控装置运算变换以后,控制机床的运动。从被加工的零件图到获得机床所需控制介质的全过程,称为程序编制。目前,常用的程序编制有 3B、4B 程序编制格式及 ISO 代码数控程序编制。详细的程序编制方法可参考有关的数控机床编程或线切割机床编程资料。

4. 电火花线切割技术

随着电火花切割机床功能的不断完善，其加工技术也在不断地改进和提高，常见的线切割加工技术如表 5-4。

表 5-4　常见线切割加工技术

| 项目 | 加工技术 |
|---|---|
| 加工程序 | 用试运行方法校验加工程序，机床回复原点，装夹工件，安装线电极，确定加工形式，对实际加工时加工液的比阻抗等进行校验 |
| 装夹工件 | 装夹工件时，首先应校准平行度与垂直度，然后将线电极穿过工件上的穿丝孔 |
| 安装线电极 | 安装好线电极后，用垂直度调准器对线电极的垂直度进行校准。采用在线电极与工件之间施加微小火花放电的方法，判断工件端面与线电极是否充分平行，如不平行就不会在它们之间的整个接触面上飞火花 |
| 加工条件的选择 | 参照线切割机械制造厂提供的数据实施，内容大致包括电规准、加工液温度和比阻抗等 |
| 工件基准面 | 工件基准面采用精磨加工，使其能达到工件加工时的位置精度 |
| 温度控制 | 在较长模板上切割级进型孔时，应严格控制工作液温度和工作温度，否则将降低型孔的孔距精度 |
| 控制工件变形 | 为控制工件变形，应首先按照型孔单边留 1~1.5mm 余量切割一预孔，然后对工件进行热处理消除内应力，再对产生变形的两平面进行磨削，最后按所需尺寸切割型孔 |
| 多次切割 | 切割次数越多，则切割面的表面粗糙度值越小，这是因为去除了切割时的变质层。所以现在加工精密模具一般都采用多次切割加工 |
| 合理确定穿丝孔位置 | 对于小型工件，穿丝孔宜选在工件待切割型孔的中心；对于大型工件，穿丝孔可选在靠近切割图样的边角处或已知坐标尺寸的交点上 |
| 多穿丝孔加工 | 采用线切割加工一些特殊形状的工件时，如果只采用一个穿丝孔加工，残留应力会沿切割方向向外释放，会造成工件变形，而采用多穿丝孔可解决变形问题 |
| 多型腔切割 | 对于多型腔切割时，应先加工余量小的型腔，以保证所有型腔都切割完整 |
| 加工过程中突然断丝 | 当加工过程中突然断丝时，应先关闭高频电源和变频开关，然后关闭水泵电动机、运丝电动机，将变频粗调放置在“手动”一边，开启变频开关，让十字拖板继续按规定程序走下去，直到最后回到起点位置；接着去掉断钼丝，若剩下钼丝还可以使用，则直接在工件预孔中重新穿钼丝，并在人工紧丝后重新进行加工。若在加工工件即将完成时断丝，也可考虑从末端进行切割，但是这时必须重新编制程序，且在两次切割的相交处及时关闭高频电源和机床，以免损坏已加工的表面；然后，把钼丝松下，取下工件 |

5. 电火花加工与电火花线切割加工零件的比较

电火花加工与电火花线切割加工虽然都是利用电腐蚀原理工作的，但是它们还是有区别。如电火花穿孔加工与电火花线切割加工零件的比较见表 5-5。

表 5-5　电火花穿孔与线切割加工零件比较

| 项目　　设备 | 电火花穿孔机床 | 线切割机床 |
|---|---|---|
| 电极 | 电极制造工时较长且加工困难 | 无需制造电极，直接用电极丝切割制品零件 |
| 电极丝损耗 | 损耗较大 | 不考虑电极丝损耗 |
| 凸、凹模加工 | 单独制造凸模，利用凸模作电极制造凹模 | 间隙相当情况下，可一次切出凸、凹模来 |
| 加工范围 | 1. 加工 0.12mm 窄缝及 $\Phi$0.015mm 小孔<br>2. 能加工整体凹模不受热处理变形影响 | 1. 能加工出 0.05～0.07mm 窄缝，$R \leqslant 0.03$mm 的圆角半径<br>2. 能加工淬硬整体凹模，不受热处理变形影响<br>3. 能加工硬质合金材料 |
| 精度及表面粗糙度 | ±0.015mm<br>$Ra$3.2～0.80 | ±0.001mm<br>$Ra$1.60～0.480 |

## 5.3.5　电火花线切割加工工艺

电火花线切割加工，用于加工由直线和圆弧组成的任意截面形状的直通式零件或型孔，有时通过适当编程也能加工渐开、摆线等非圆曲线形状，部分电火花线切割还具有加工锥孔的能力。电火花线切割加工一般作为零件加工的最后工序。要达到加工零件的精度和表面粗糙度要求，应合理控制线切割加工时的各种因素（电参数、切割速度、工件装夹等），同时应安排好零件的工艺路线及线切割加工前的准备。有关线切割加工的工艺准备和工艺过程如图 5-44 所示。

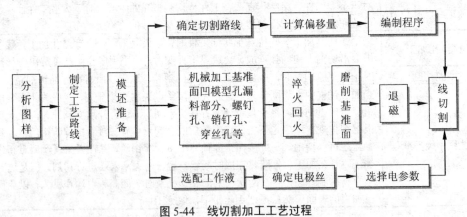

图 5-44　线切割加工工艺过程

### 1. 坯料的准备

（1）工件材料及毛坯。在快走丝线切割加工时，通常淬火钢、铜、铝等材料时加工稳定，而切割不锈钢、硬质合金等材料时，切割速度慢且易断丝。冲模工件通常采用一些热处理变形小、淬透性好的材料，如 Cr12、Cr12MoV、9SiCr 等。其毛坯一般为锻件。由于受到材料的应力影响，毛坯要进行适当的热处理（如退火），以消除残余应力，否则将影响加工精度。如：T10 钢的淬透性差、内应力大，在电火花切割加工时，有时会出现突然开裂现象。

（2）坯料的准备工序。在电火花线切割加工前，应合理安排坯料的准备工序，从而达到零件精度要求。坯料的准备工序如下：

下料→锻造→退火→刨削平面→画线→铣漏料孔→孔加工→淬火→低温回火→磨削平面

2．工艺参数的选择

（1）脉冲参数的选择。脉冲参数主要有加工电流、脉宽、脉冲间隔比等，这些参数对电火花线切割加工效率和工件表面质量都会产生一定影响。

① 加工电流的选择。加工电流选择合适时有利于提高加工速度。电流过大或过小，都会使加工速度慢、加工状态不稳定。加工时投入功放管数量愈多，加工电流就愈大。较厚的工件应选择较大加工电流。

② 脉宽 $t_i$ 的选择。脉宽 $t_i$ 大小对表面粗糙度可产生一定的影响。脉宽愈大，单个脉冲的能量就愈大，切割效率就愈高，表面粗糙值就愈大。一般模具零件加工宜选较小脉宽。表 5-6 为快走丝电火花线切割脉宽的选择。

表 5-6　快走丝电火花线切割脉宽的选择

| 脉宽 $t_i$/$\mu s$ | 5 | 10 | 20 | 40 |
|---|---|---|---|---|
| 表面粗糙度值 $Ra$/$\mu m$ | 2.0 | 2.5 | 3.2 | 4.0 |

③ 脉冲间隔比的选择。脉冲间隔比 $t_0/t_i$（$t_0$ 是脉冲间隔，$t_i$ 是脉冲宽度）受工件厚度影响。工件厚度大，电火花线切割加工排屑时间就长，需要的脉冲间隔时间也就长。表 5-7 为快走丝电火花线切割脉冲间隔比的选择。

表 5-7　快走丝电火花线切割脉冲间隔比的选择

| 工件厚度 | 10 | 20 | 30 | 40 | 50 | 60 | 70 | 80 | 90～500 |
|---|---|---|---|---|---|---|---|---|---|
| 脉冲间隔 $t_0/t_i$ | 4 | 4 | 4 | 4 | 5 | 6 | 7 | 8 | 8 |
| 功放管数 $n$ | ≥1 | ≥2 | ≥3 | ≥4 | ≥5 | ≥6 | ≥7 | ≥8 | 9 |

注：功放管数增多，则加工电流增大。

（2）电极丝的选择。电极丝材质应均匀并具有良好的抗电蚀性及较高的抗拉强度。常用的电极丝有钼丝、钨丝、铜丝等。钨丝用于窄缝精加工，价格昂贵；铜丝适于慢走丝加工，加工精度高，表面质量好，蚀屑附着少；钼丝常用于快走丝加工，直径约在 0.08~0.22 mm 范围内，抗拉强度高，应用广泛。

（3）工作液的选择。工作液对切割速度、表面质量、加工精度的影响都很大。常用的工作液有去离子水和乳化液。

慢走丝线切割普遍使用去离子水，还可以加入导电液来提高切割速度；快走丝线切割常用的乳化液为 DX-1、TM-1、502 型等。

3. 工件的装夹与调整

（1）工件的装夹。装夹工件时应保证工件在坯料上有合适的位置，避免电极丝切出毛坯或工作台。常见的工件装夹方法有悬臂式（图 5-45），桥式支撑（图 5-46）和板式支撑装夹（图 5-47）。

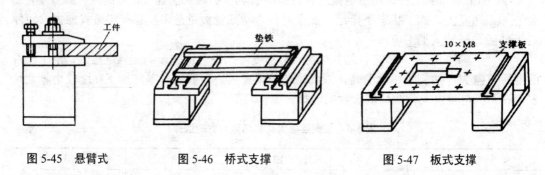

图 5-45　悬臂式　　　　　　图 5-46　桥式支撑　　　　　　图 5-47　板式支撑

悬臂式装夹方便、简单，但易产生切割面垂直度误差，仅用于加工精度要求不高的零件；桥式支撑装夹的支撑板可沿 T 型槽移动，定位精度高，适用范围广；板式支撑装夹采用有通孔的支撑板装夹工件，这种方式装夹精度高，但通用性差。

（2）工件的调整。通过上述方法装夹的工件，还必须经过适当的调整，使工件的定位基准面分别与工作台 X、Y 方向保持平行，以保证加工面与基准面的位置精度。常用的方法有：

① 用百分表找正。将磁力表架固定在丝架上，百分表的测量头与工件基面接触，往复移动滑板，直至百分表的指针摆动范围符合要求值，如图 5-48 所示。

② 画线找正。当工件切割图形与定位基准之间的相互位置精度要求不高时，可利用固定在丝架上的划针对正工件上所画的基准线，往复移动滑板，目测划针与基准的偏离程度将工件调整到正确位置，如图 5-49 所示。

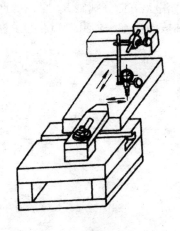

图 5-48　用百分表找正

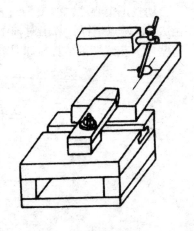

图 5-49　画线找正

**4. 电极丝的位置调整**

电火花线切割加工之前，应将电极丝调到加工起点位置上。常用的方法有：

（1）目测法。通过目测（或借助放大镜）观察电极丝与基准之间的位置进行调整。如图 5-50 所示，利用穿丝孔处所画十字基准线，观察电极丝的中心与工件座标轴 $X$、$Y$ 方向基准线是否重合。此方法用于加工要求较低的工件。

（2）碰火花法。如图 5-51 所示，移动工作台使电极丝靠近基准面，直到出现火花，根据放电间隙推算电极丝的座标位置。应用此方法时，要注意基准面的表面质量（如有毛刺或表面不垂直），否则易误判。

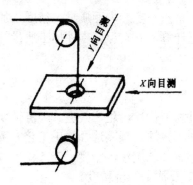

图 5-50　目测法

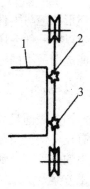

图 5-51　碰火花法

1—工件　2—电极丝　3—火花

（3）自动找正中心法。如图 5-52 所示，其原理是：先沿 $X$ 方向分别碰 $B$、$C$ 点处产生火花，由 $B$、$C$ 两点坐标计算出对轴 $Y$ 的位置，再沿 $Y$ 轴按同样方法求出中心点的坐标。目前，有些电火花线切割数控机床具备自动找正功能。

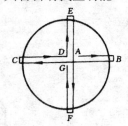

图 5-52　自动找正中心法

# 5.4　模具工作零件的加工工艺路线

模具种类繁多，其工作零件的工作条件、使用要求各不相同，加工要求也不完全一样，因此应在符合工程实际情况的条件下，保证以最经济的生产方式，拟定出符合质量要求的模具工作零件的加工工艺路线。

## 5.4.1　工艺路线拟定的主要内容

### 1.　选择符合零件图样要求的毛坯材料

毛坯形状应与零件形状相似，其尺寸应根据加工余量，毛坯表面质量、精度，加工时的装夹量以及一件毛坯需要加工出的零件数量等进行计算，并在保证零件加工质量的前提下尽可能选用最小的毛坯尺寸。

### 2.　选择加工方法及顺序

根据加工表面尺寸精度、表面粗糙度要求、工件材料性质、生产效率、经济性要求、工厂现有设备情况及现有生产技术条件，进行机械加工方法及顺序选择加工工艺方案，并选择适当的热处理及辅助工序。表 5-8 为平面加工方案及加工经济精度。表 5-9 为外圆柱表面加工方案及加工经济精度。表 5-10 为孔加工方案及加工经济精度。

### 3.　选择基准

为保证模具的工作性能，在零件设计时需要确定设计基准。在编制工艺时，要按设计基准选择合理的定位基准、装配基准、测量基准，以保证零件加工后达到设计要求。

表 5-8  平面的加工方案及加工经济精度

| 序号 | 加工方案 | 经济精度 | 经济粗糙度 $R_a$/μm | 适用范围 |
|---|---|---|---|---|
| 1 | 粗车 | IT11～13 | 12.5～50 | 端面 |
| 2 | 粗车→半精车 | IT8～10 | 3.2～6.3 | |
| 3 | 粗车→半精车→精车 | IT7～8 | 0.8～1.6 | |
| 4 | 粗车→半精车→磨削 | IT6～8 | 0.2～0.8 | |
| 5 | 粗刨（或粗铣） | IT11～13 | 6.3～25 | 一般不淬硬平面（端铣表面粗糙度 $R_a$ 值较小） |
| 6 | 粗刨（或粗铣）→精刨（或精铣） | IT8～10 | 1.6～6.3 | |
| 7 | 粗刨（或粗铣）→精刨（或精铣）→刮研 | IT6～7 | 0.1～0.8 | 精度要求较高的不淬硬平面，批量较大时宜采用宽刃精刨方案 |
| 8 | 以宽刃精刨代替上述刮研 | IT7 | 0.2～0.8 | |
| 9 | 粗刨（或粗铣）→精刨（或精铣）→磨削 | IT7 | 0.2～0.8 | 精度要求高的淬硬平面或不淬硬平面 |
| 10 | 粗刨（或粗铣）→精刨（或精铣）→粗磨→精磨 | IT6～7 | 0.025～0.4 | |
| 11 | 粗铣→拉 | IT7～9 | 0.2～0.8 | 大量生产，较小平面（精度视拉刀精度而定） |
| 12 | 粗铣→精铣→磨削→研磨 | IT5 以上 | 0.006～0.1 | 高精度平面 |

表 5-9  外圆柱表面的加工方案及加工精度

| 序号 | 加工方案 | 经济精度 | 经济粗糙度 $R_a$/μm | 适用范围 |
|---|---|---|---|---|
| 1 | 粗车 | IT11～13 | 12.5～50 | 适用于淬火钢以外的各种金属 |
| 2 | 粗车→半精车 | IT8～10 | 3.2～6.3 | |
| 3 | 粗车→半精车→精车 | IT7～8 | 0.8～1.6 | |
| 4 | 粗车→半精车→精车→滚压（或抛光） | IT7～8 | 0.025～0.2 | |
| 5 | 粗车→半精车→磨削 | IT7～8 | 0.4～0.8 | 主要用于淬火钢，也可用于未淬火钢，但不宜加工有色金属 |
| 6 | 粗车→半精车→粗磨→精磨 | IT6～7 | 0.1～0.4 | |
| 7 | 粗车→半精车→粗磨→精磨→超精加工（或轮式超精磨） | IT5 | 0.012～0.1 | |
| 8 | 粗车→半精车→精车→精细车（金刚车） | IT6～7 | 0.025～0.4 | 主要用于要求较高的有色金属加工 |
| 9 | 粗车→半精车→粗磨→精磨→超精磨（或镜面磨） | IT5 以上 | 0.006～0.025 | 极高精度的外圆加工 |

表 5-10　孔的加工方案及加工精度

| 序号 | 加工方案 | 经济精度 | 经济粗糙度 $Ra/\mu m$ | 适用范围 |
|---|---|---|---|---|
| 1 | 钻 | IT11～13 | 12.5 | 加工未淬火钢及铸铁的实心毛坯，也可用于加工有色金属。孔径大于 15～20 mm |
| 2 | 钻→铰 | IT8～10 | 1.6～6.3 | |
| 3 | 钻→粗铰→精铰 | IT7～8 | 0.8～1.6 | |
| 4 | 钻→扩 | IT10～11 | 6.3～12.5 | |
| 5 | 钻→扩→铰 | IT8～9 | 1.6～3.2 | |
| 6 | 钻→扩→粗铰→精铰 | IT7 | 0.8～1.6 | |
| 7 | 钻→扩→机铰→手铰 | IT6～7 | 0.2～0.4 | |
| 8 | 钻→扩→拉 | IT7～9 | 0.1～1.6 | 大批量生产（精度由拉刀精度而定） |
| 9 | 粗镗（或扩） | IT11～13 | 6.3～12.5 | 除淬火钢外的各种材料，毛坯有铸出孔或锻出孔 |
| 10 | 粗镗（粗扩）→半精镗（精扩） | IT9～10 | 1.6～3.2 | |
| 11 | 粗镗（粗扩）→半精镗（精扩）→精镗（铰） | IT7～8 | 0.8～1.6 | |
| 12 | 粗镗（粗扩）→半精镗（精扩）→精镗→浮动镗刀精镗 | IT6～7 | 0.4～0.8 | |
| 13 | 粗镗（扩）→半精镗→磨孔 | IT7～8 | 0.2～0.8 | 主要用于淬火钢，也可用于未淬火钢，但不宜用于有色金属 |
| 14 | 粗镗（扩）→半精镗→粗磨→精磨 | IT6～7 | 0.1～0.2 | |
| 15 | 粗镗→半精镗→精镗→精细镗（金刚镗） | IT6～7 | 0.05～0.4 | 主要用于精度要求高的有色金属加工 |
| 16 | 钻→（扩）→粗铰→精铰→珩磨；钻→（扩）→拉→珩磨；粗镗→半精镗→精镗→珩磨 | IT6～7 | 0.025～0.2 | 精度要求很高的孔 |
| 17 | 以研磨代替上述方法中的珩磨 | IT5～6 | 0.006～0.1 | |

### 4. 确定加工余量及计算工序尺寸

用查表修正法确定各道工序的加工余量，按"入体法"算出各道工序的工序尺寸。中等尺寸模具零件加工工序余量参照表 5-11。

5. 选择机床、工艺装备及切削用量，确定工时定额

表 5-11　中等尺寸模具零件加工工序余量

| 本工序→下工序 | | 本工表面粗糙度 Ra/μm | 本工序单面余量/mm | | | | 说　明 |
|---|---|---|---|---|---|---|---|
| 锯 | 锻 | | 型材尺寸<250 时取 2~4，>250 时取 3~6 | | | | 锯床下料端面上余量 |
| | 车 | | 中心孔加工时，长度上的余量 3~5 | | | | |
| | | | 夹头长度>70 时取 8~10，<70 时取 6~8 | | | | 工艺夹头量 |
| 钳工 | | | 排孔与线边距 0.3~0.5，孔距 0.1~0.3 | | | | 主要用于排孔挖料 |
| 铣 | 插 | | 5~10 | | | | 主要对型孔、窄槽的清角加工 |
| 刨 | 铣 | 6.3 | 0.5~1 | | | | 加工面垂直度、平行度取 1/3 本工序余量 |
| 铣、插 | 精铣仿刨 | 6.3 | 0.5~1 | | | | 加工面垂直度、平行度取 1/3 本工序余量 |
| 钻 | 镗孔 | 6.3 | 1~2 | | | | 孔径大于 30mm 时，余量酌增 |
| | 铰孔 | 3.2 | 0.05~0.1 | | | | 小于 14mm 的孔 |
| 车 | 磨外圆 | 3.2 | 工件直径 | 工件长度 | | | 加工表面的垂直度和平行度允许取 1/3 本工序余量 |
| | | | | ~30 | >30~60 | >60~120 | |
| | | | 3~30 | 0.1~0.12 | 0.12~0.17 | 0.17~0.22 | |
| | | | 30~60 | 0.12~0.17 | 0.17~0.22 | 0.22~0.28 | |
| | | | 60~120 | 0.17~0.22 | 0.22~0.28 | 0.28~0.33 | |
| | 磨孔 | 1.6 | 工件孔深 | 工件孔径 | | | |
| | | | | ~4 | 4~10 | 10~50 | |
| | | | 3~15 | 0.02~0.05 | 0.05~0.08 | 0.08~0.13 | |
| | | | 15~30 | 0.05~0.08 | 0.08~0.12 | 0.12~0.18 | |
| 刨铣 | 磨 | 3.2 | 平面尺寸<250 时取 0.3~0.5<br>>250 时取 0.4~0.6<br>外形取 0.2~0.3，内形取 0.1~0.2 | | | | 加工表面的垂直度和平行度允许取 1/3 本工序余量 |
| 仿刨插 | | | 0.15~0.25<br>0.1~0.2 | | | | |

（续表）

| 本工序→下工序 | | 本工表面粗糙度 Ra/μm | 本工序单面余量/mm | 说　明 |
|---|---|---|---|---|
| 精铣插 | 钳工锉修打光 | 1.6 3.2 | 0.1～0.15 0.1～0.2 | 加工表面要求垂直度和平行度 |
| 仿刨 | | 3.2 | 0.015～0.025 | 要求上下锥度＜0.03 |
| 仿形铣 | | | 0.05～0.15 | 仿形刀痕与理论型面的最小余量 |
| 精铣钳修 | 研抛 | 1.6 1.6 | ＜0.05 0.01～0.02 | 加工表面要求保持工件的形状精度、尺寸 |
| 车镗磨 | | 0.8 | 0.005～0.01 | 精度和表面粗糙度 |
| 电火花加工 | 研抛 | 3.2～1.6 | 0.01～0.03 | 用于型腔表面加工等 |
| 线切割 | 研抛 | 3.2～1.6 | ＜0.01 | 冷冲凹、凸模，导向卸料板，固定板 |
| | | 0.4 | 0.02～0.03 | 型腔、型芯、镶块等 |
| 平磨 | 划线 | 0.4 | 0.15～0.25 | 可用于准备电火花线切割、成形磨削和铣削等的划线坯料 |

### 5.4.2　冲裁模凸凹模零件的加工工艺

1. 工艺性分析

图 5-53 的冲裁模凸凹模零件是完成制件外形和两个圆柱孔的工作零件。

零件毛坯形式应为锻件。从零件图上可以看出，该零件成形表面的加工采用实配法，外成形表面是非基准外形，按落料凹模的实际尺寸配制，保证双面间隙为 0.06 mm；凸凹模的两个冲孔凹模也是非基准孔，也按冲孔凸模的实际尺寸配制。

该零件的外形表面尺寸是 104 mm×40 mm×50 mm。成形表面是外形轮廓和两个圆孔。结构表面是用于固紧的两个 M8 的螺纹孔。凸凹模的外成形表面分别是由 R14*、Φ40*、R5* 的 5 个圆弧面和 5 个平面组成的，形状比较复杂。该零件的结构是直通式，外成形表面的精加工可以采用电火花切割、成形磨削和连续轨迹座标磨削的方法。零件底面还有两个 M8 的螺纹孔，可供成形磨削时紧固之用。凸凹模零件的两个内成形表面为圆锥形，带有 15′的斜度，在热处理前可以用非标准锥度铰刀铰削，在热处理后进行研磨，以保证冲裁间隙。如果用具有切割斜度的电火花线切割机床，两内孔都可以在电火花线切割机床上加工。

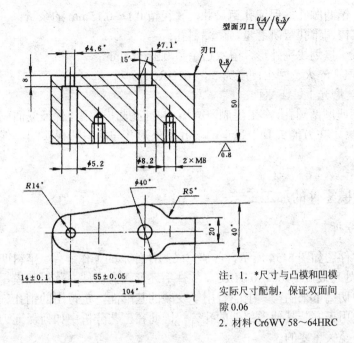

注：1. *尺寸与凸模和凹模
实际尺寸配制，保证双面间
隙 0.06
2. 材料 Cr6WV 58~64HRC

**图 5-53　凸凹模零件**

**2. 工艺方案**

根据一般工厂的加工条件，可以采用以下两个方案：

方案一：备料→锻造→退火→铣削六方→磨削六面→钳工划线作孔→镗削内孔及粗铣外形→热处理→研磨内孔→成形磨削外形；

方案二：备料→锻造→退火→铣削六方→磨削六面→钳工作螺纹孔及穿丝孔→电火花线切割内外形。

**3. 工艺过程的制定**

采用方案一：

（1）下料　锯床下料，$\Phi$56 mm×117 mm；

（2）锻造　锻造 100mm×45mm×55mm；

（3）热处理　退火，硬度≤241HBS；

（4）立铣　铣六方，104.4mm×50.4mm×40.3mm；

（5）平磨　磨六方，对 90°；

（6）钳工　划线，去毛刺，加工螺纹孔；

（7）镗削　镗两圆孔，保证孔距尺寸，孔径留 0.1～0.15mm 的余量；

（8）钳工　铰圆锥孔留研磨量，做漏料孔；

（9）工具铣　按划线铣外形，留双边余量 0.3～0.4mm；

（10）热处理　淬火、回火硬度为 58～62HRC；

（11）平磨　磨光上、下平面；

（12）钳工　研磨两圆孔，车工配制研磨棒，与冲孔凸模实配，保证双面间隙为 0.06mm；

（13）成形磨　在万能夹具上找正两圆孔磨外形并与落料凹模实配，保证双面间隙为 0.06 mm。

### 5.4.3　落料凹模零件的加工工艺

#### 1．工艺性分析

落料凹模零件图如图 5-54 所示，它是完成制件外形的工作零件。落料凹模零件的材料为 CrWMn，热处理硬度为 60～64HRC。零件毛坯形式为锻件。落料凹模零件是用锋利刃口将其从条料中切离下来的，其上面有用于安装的基准面，定位用的销孔、紧固用的螺钉孔、排料孔以及用于安装其他零部件的孔等。因此在工艺分析中如何保证刃口的质量和形状位置的精度是至关重要的。

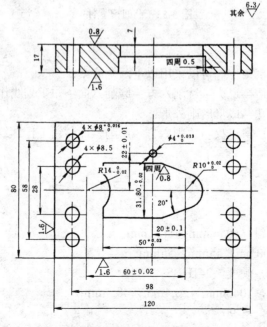

图 5-54　落料凹模零件（材料：CrWMn）

该零件是这副模具装配和加工的基准件，以该零件凹模型孔的实际尺寸为基准来加工相关其他零件的各孔。

**2. 工艺方案**

根据其排料孔可采用铣削加工及腐蚀加工两种工艺方案：

铣削加工工艺方案：备料→锻造→退火→刨削六面→平磨→钳工→铣销排料孔→热处理→平磨→电火花线切割→钳工；

腐蚀加工工艺方案：备料→锻造→退火→平磨→钳工→热处理→平磨→电火花线切割→用腐蚀液加工排料孔→研光。

**3. 工艺过程制定**

采用腐蚀加工工艺方案。

（1）备料。

（2）锻造　锻成 126 mm×86mm×25mm 的矩形毛坯。

（3）热处理　退火。

（4）刨削　刨六面，留单面磨削余量 0.5mm。

（5）平磨　磨削上下两面及相邻两侧面，留单面磨削余量 0.3mm。

（6）钳工。

① 按图划线；

② 钻 $4\times\varnothing8.5$ mm 孔；

③ 钻铰 $4\times\varnothing8_0^{+0.016}$ mm 孔至尺寸下限；

④ 按图在 $R10_0^{+0.02}$ mm 中心处及 $\varnothing4_0^{+0.013}$ mm 圆心处各钻穿丝孔。

（7）热处理　淬硬至 60～64HRC。

（8）平磨　磨削上下平面及相邻两侧面至尺寸，对正。

（9）电火花线切割　割出凹模型孔并留单面研修余量 0.005 mm。

（10）钳工。

① 用石蜡熔入 7 mm 高的凹模型孔将其封闭住，翻面注入腐蚀液加工排料孔至尺寸；

② 研光线切割面。

（11）检验。

**4. 漏料孔加工方法**

（1）铣削加工法。零件淬火之前，在铣床上将漏料孔粗铣完毕。

（2）电火花加工法。利用电极从漏料孔的底部方向进行电火花加工。

（3）腐蚀法。利用化学腐蚀液将漏料孔尺寸加大。腐蚀时，先将零件非腐蚀表面涂以石蜡，再把腐蚀零件放于酸性溶剂槽内或将零件被腐蚀表面内滴入酸性溶液，按酸性溶液的腐蚀速度确定腐蚀时间，然后取出零件，在清水内清洗后吹干。常用化学腐蚀液配方及腐蚀速度见表 5-12。

表 5-12 化学腐蚀液配方

| | 成分 | 比例% | 腐蚀速度/<br>(mm·min⁻¹) | | 成分 | 比例% | 腐蚀速度/<br>(mm·min⁻¹) |
|---|---|---|---|---|---|---|---|
| 配方一 | 草酸 | 18 | | 配方二 | 硫酸 | 5 | |
| | 氢氟酸 | 25 | 0.04~0.07 | | 硝酸 | 20 | 0.08~0.12 |
| | 硫酸 | 2 | | | 盐酸 | 5 | |
| | 双氧水 | 55 | | | 水 | 70 | |

### 5.4.4 塑料模型腔零件加工的工艺

1. 工艺性分析要点

如图 5-55 所示是某结构件模具的动模块和定模块。按照如图所示分型，模具侧向有两个相互垂直的侧抽芯：抽芯 1 和抽芯 2。抽芯 1 配合面封胶处形状为异形，有三个 R9 mm 凸耳；抽芯 2 配合面封胶处为圆形，与腔内 SR31.5 mm 相通。型腔形状结构复杂不规则。

2. 工艺路线

（1）调质模的加工工艺
① 备料。
定模块：165 mm×165 mm×107 mm；
动模块：165 mm×165 mm×87 mm。
② 铣毛坯。
定模块：160.5 mm×160.5 mm×101.5 mm；
动模块：160.5 mm×160.5 mm×81.5 mm。
技术要求：六面间垂直度误差<0.1mm。
③ 热处理。淬火、回火，保证硬度 HRC30~35。
说明：目前大部分进口模具钢在出厂前已经过锻造加工和调质热处理，通常热处理硬度为 HRC33 左右，使用此类模具钢，可以免除此热处理工序。

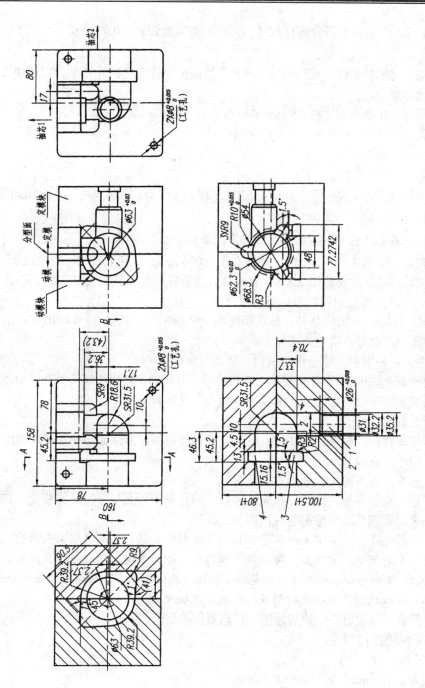

图 5-55　模具动模块和定模块的加工图

④ 平磨。平磨六面符合图样尺寸，六面间垂直度误差<0.03mm。

⑤ 钳工。

● 动、定模块组合，配钻铰 $2\times \varPhi 8_0^{+0.015}$ mm 定位工艺销孔及动、定模块各 $4\times$M10 固定螺钉孔。

● 将动、定模块用 $2\times \varPhi 8$ mm 销钉组合在一起，画线。

⑥ 铣。将动、定模块用 $2\times \varPhi 8$ mm 销钉组合在一起，钻、镗、铣加工 $3\times \varPhi 9$ mm 孔和 $3\times SR9$ mm 球面。

⑦ 车。

● 车削抽芯 2 孔 $\varPhi 63_0^{+0.03}$ mm 及 $SR31.5$ 球面（将动、定模块用 $2\times \varPhi 8$ mm 销钉组合在一起）。

● 车削抽芯 1 孔 $\varPhi 54$ mm 和 $\varPhi 62.3_0^{+0.003}$ mm。

● 将动、定模块分开，车削定模块孔 1（$\varPhi 26$ mm）和锥孔 2（2°的 $\varPhi 35.2$mm 锥孔）。

⑧ 铣。将动、定模块用 $2\times \varPhi 8$ mm 销钉组合在一起，铣削抽芯 1 型孔符合尺寸。六个 $R10$mm 过渡圆弧按划线加工，留余量钳修。

⑨ 铣。将动、定模块分开，分别粗铣加工坑槽 3、4。铣削 3、4 坑槽可以用坐标法分级铣削，其加工余量留给电火花加工。

⑩ 电火花。用粗、精电极分别粗、精加工坑槽 3、4。

说明：由于坑槽 3、4 形状相同，反向对称，因此动、定模块装夹时，同向摆放，这样电极一次装夹即可分别完成动、定模块的加工，提高加工精度。

⑪ 钳工。

● 根据样板，修磨抽芯 1$R10$ mm 各处过渡圆弧，并保证与抽芯滑块滑配，配合间隙小于 0.02 mm。

● 修磨型腔各面交接处的过渡圆弧。

● 抛光型腔各面。注意：抛光型腔时，应保护型腔面与分型面的相交尖角，不能有任何倒圆痕迹（除标明有倒圆角之外）。

说明：抽芯 1 六处 $R10$ mm 都是以抽芯滑块相配合的，如果由钳工来修磨，若要保证配合精度，则时间长、效率低，难以满足模具交货期的需要。所以根据条件加工工艺可改为：根据抽芯截面形状，用电极电火花加工抽芯滑块配合面，包括同时修正三个 $R9$ mm 凸耳，然后根据放电间隙大小线切割抽芯滑块使之相配。

⑫ 保管。清洁型腔，油封并用物件遮盖保护型腔，入库。

（2）硬模的加工工艺

① 备料。

定模块：165 mm×165 mm×107 mm；

动模块：165 mm×165 mm×87 mm。

② 铣毛坯。

定模块：160.5 mm×160.5 mm×101.5 mm；

动模块：160.5 mm×160.5 mm×81.5 mm。

技术要求：六面间垂直度误差＜0.1 mm 。

③ 平磨。平磨六面见光，六面间垂直度误差＜0.02 mm。

④ 钳工。

● 动、定模块组合，配钻铰 $2× \Phi 8_0^{+0.015}$ mm 定位工艺销孔及动、定模块各 $4×M10$ 固定螺钉孔；

● 将动、定模块用 $2× \Phi 8$mm 销钉组合在一起划线。

⑤ 铣。

● 钻、铣削抽芯 2 孔 $\Phi 63_0^{+0.03}$ mm，用成形钻头钻铣 $SR31.5$mm 球面，单边留加工余量 0.5 mm（将动、定模块用 $2× \Phi 8$ mm 销钉组合在一起）；

● 钻、铣削抽芯 1 孔 $\Phi 54$mm 和 $\Phi 62.3_0^{+0.03}$mm，单边留加工余量 0.5 mm；

● 铣加工 $3× \Phi 9$ mm 孔和 $3×SR9$ mm 球面，单边留加工余量 0.5 mm；

● 铣削抽芯 1 型孔和六个 $R10$ mm 过渡圆弧，单边留加工余量 0.5 mm；

● 将动、定模块分开，分别粗铣加工坑槽 3、4。铣削 3、4 坑槽可以用坐标法分级铣削，留余量给电火花加工。

⑥ 钳工。将动、定模块分开，钻定模块孔 1（$\Phi 26$mm）为 $\Phi 24$ mm、锥孔 2（2° 的 $\Phi 35.2$ mm 锥孔）为 $\Phi 34$ mm、型芯肩台沉孔 $\Phi 31$ mm。

⑦ 热处理。淬火、回火。保证硬度 HRC50～55（有些模具热处理硬度可达 HRC58~62）。

技术要求：回火至少两次。

⑧ 平磨：平磨六面符合图样尺寸，六面间垂直度误差＜0.02 mm。

⑨ 电火花。

● 用粗、精电极分别粗、精加工坑槽 3、4 及孔 $\Phi 62.3_0^{+0.03}$ mm 和 $SR31.5$ mm 球面。

说明：由于坑槽 3、4 形状相同，反向对称，因此动、定模块装夹时，同向摆放，这样电极一次装夹即可分别完成动、定模块的加工，提高加工精度。

● 用粗、精电极分别粗、精加工抽芯 1 方向配合面及异形型腔（最好采用侧向组合平动加工）。

● 用粗、精电极分别粗、精加工 2° 锥孔 2。

⑩ 坐标磨。

● 将动、定模块合并一起装夹，修磨抽芯 2 孔配合。

● 将动、定模块合并一起装夹，修磨抽芯 1 孔配合面。

● 磨合 $\Phi 26_0^{+0.018}$ mm 符合图样要求。

⑪ 钳工。

● 修合型腔各面交接处的过渡圆弧。

● 抛光型腔各面。

注意：抛光型腔时，应保护型腔面与分型面的相交尖角，不能有任何倒圆痕迹（除标明有倒圆角之外）。

⑫ 保管。清洁型腔，油封并用物件遮盖保护型腔，入库，

# 5.5 思考与练习

1．冲模模座加工的工艺路线是怎样安排的？对模座的技术要求有哪些？

2．在加工模具导柱和导套时有哪些技术要求？

3．冲压模架制造时如何保证上、下模板上的导套、导柱孔的同轴度及位置精度？

4．简述用哪些机械加工方法可以加工圆形凸模、异形凸模、圆形型孔、异形型孔和型腔？

5．电火花加工的基本原理是什么？

6．影响电火花加工精度及生产率的因素有哪些？

7．利用电火花加工模具零件有哪些特点？

8．电火花加工的过程有哪几个阶段？

9．简述电火花线切割加工原理及特点。

10．电火花线切割加工前要进行哪些工艺准备？

# 第6章 模具装配

要制造出一副合格的模具，除了应当保证模具零件的加工精度之外，还必须做好装配工作。模具装配就是根据模具的结构特点和技术要求，以一定的装配顺序和方法，把所有的零件连接起来，使之成为合格的模具。模具装配质量既与零件质量有关，也与装配工艺有关，装配、试模协调一致才能获得预期的效果。

## 6.1 概 述

模具装配是模具制造工艺全过程的最后工艺阶段，包括装配的组织形式、装配过程、装配方法、调整、检验和试模等工艺内容。

### 6.1.1 模具装配的组织形式

产品的装配组织形式有固定式装配和移动式装配，它们取决于产品的生产批量。模具生产属于单件小批生产，工艺灵活性大，适合于采用固定式装配，即从零件装成部件或模具的全过程均在固定工作地点，由一组（或一个）工人来完成。这种组织形式对工人技术水平要求较高，工作场地面积大，装配周期长，调整时间多，但模具装配精度高，制件质量容易得到保证。

### 6.1.2 模具装配的内容

模具装配过程是按照模具技术要求和各零件间的相互关系，将合格的零件按一定的顺序连接固定为组件、部件，直至装配成合格的模具。

模具装配的内容有：选择装配基准、组件装配、调整、修配、总装、研磨抛光、检验和试冲（试模）等环节，通过装配达到模具的各项指标和技术要求。通过模具装配和试模也将考核制件的成形工艺、模具设计方案和模具制造工艺编制等工作的正确性和合理性。在模具装配阶段发现的各种技术质量问题，必须采取有效措施妥善解决，以满足试制成形的需要。

模具装配工艺规程是指导模具装配的技术文件，也是制订模具生产计划和进行生产技术准备的依据。模具装配工艺规程的制定根据模具种类和复杂程度，各单位的生产组织形式和习惯做法视具体情况可简可繁。模具装配工艺规程包括模具零件和组件的装配顺序，装配基准的确定，装配工艺方法和技术要求，装配工序的划分以及关键工序的详细说明，必备的二级工具和设备，检验方法和验收条件等。

### 6.1.3 模具装配的方法

根据模具的精度要求，选用合理的装配方法，可提高模具的质量和生产率。常用的装配方法有互换装配法、修配装配法和调整装配法等。分别介绍如下。

**1. 互换装配法**

互换装配法实质是通过控制零件制造加工误差来保证装配精度。按互换程度可分为完全互换法和部分互换法。

（1）完全互换法是指装配时，各配合零件不需要挑选、修理和调整，装配后即可达到装配精度要求。此方法装配质量稳定、可靠，装配工作简单，模具维修方便，但对模具零件加工要求较高。适用于批量较大的模具零件的装配工作。

（2）部分互换法是指装配时，各配合零件的制造公差将有部分不能达到完全互换装配的要求。但仍能保证装配精度。采用这种方法存在着超差的可能，但超差的几率很小，与完全互换法相比，模具零件加工容易而经济。为了保证装配精度，可采取适当的工艺措施，排除不符合装配精度要求的个别产品。

**2. 修配装配法**

修配法是指装配时，修去指定零件的预留修配量，使之达到装配精度的要求。常用的修配方法有指定零件修配法和合并加工修配法。

（1）指定零件修配法是在装配尺寸链的组成环中，预先指定一个零件作为修配件，并预留一定的加工余量，装配时再对该零件进行切削加工，使之达到装配精度要求的加工方法。

（2）合并加工修配法是将两个或两个以上的配合零件装配后，再进行加工，以达到装配精度要求的加工方法。这种方法广泛用于单件或小批量的模具装配工作。

**3. 调整装配法**

调整装配法是用改变模具中可调整零件的相对位置或变化一组固定尺寸零件（如垫片、垫圈），来达到装配精度要求的方法。常用的有可动调整法和固定调整法。

（1）可动调整法是在装配时，用改变调整件的位置来达到装配要求的方法。这种方法在调整过程中，一般不需要拆卸零件，调整比较方便。

（2）固定调整法是在装配过程中选用有合适的形状、尺寸的零件作为调整件，达到装配要求的方法。这种方法应根据装配时的零件实际测量值，按一定的尺寸间隔进行装配。

模具是属于单件、小批量生产，所以模具装配是以修配法和调整法为主。

## 6.1.4　模具的装配尺寸链

由于模具也是由许多零件装配而成的，因此零件的精度直接影响模具的精度。当某项装配精度是由若干个零件的制造精度所决定时，就出现了误差积累的问题，要分析模具组成零件的精度对装配精度的影响，就要用到装配尺寸链。

装配模具时，将与某项精度指标有关的各零件尺寸依次排列，形成一个封闭的链形尺寸组合，称为装配尺寸链。组成装配尺寸链的有关尺寸按一定顺序首尾相接构成封闭图形，如图 6-1 所示。

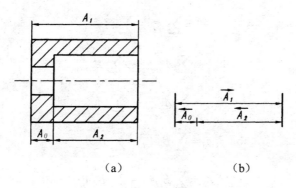

（a）　　　　　　　　　　　（b）

**图 6-1　工艺尺寸链示例**

### 1. 装配尺寸链的组成

组成装配尺寸链的每一个尺寸都称为装配尺寸链环。如图 6-1a 共有 3 个装配尺寸链环（$A_0$、$A_1$、$A_2$）。装配尺寸链环中，要保证装配精度要求或是技术条件要求的尺寸称为封闭环（$A_0$）。影响装配精度的零件尺寸称为组成环（$A_1$、$A_2$）。也就是在装配过程中，间接得到的尺寸为封闭环，直接得到的尺寸为组成环。装配尺寸链是由一个封闭环和若干个组成环组成一个封闭图形，故装配尺寸链中组成环的尺寸变化必然引起封闭环的尺寸变化。当某组成环尺寸增大（其他组成环尺寸不变）时封闭环尺寸也随之增大，则该组成环为增环，以 $\vec{A_i}$ 表示，如图 6-1 中的 $A_1$，当某组成环尺寸增大（其他组成环不变）时封闭环尺寸反而随之减小，则该组成环称为减环，用 $\overleftarrow{A_{li}}$ 表示，如图 6-1 中的 $A_2$。

在装配尺寸链的建立中，首先要正确地确定封闭环，封闭环找错了，整个尺寸链的解就错了。然后查找组成环，并画出尺寸链图，判别组成环的性质。为了快速确定组成环的性质，可在装配尺寸链图上平行于封闭环沿任意方向划一箭头，然后沿此箭头方向环绕装配尺寸链一周，平行于每一个组成环尺寸依次画出箭头。箭头指向与封闭环相反的组成环为增环，箭头指向与封闭环相同的为减环，如图画 6-1b 所示。

　　研究装配尺寸链可以了解装配时零件的误差累积和模具装配精度间的关系，便于正确判断零件的制造精度能否保证装配精度要求，或者在已知装配精度要求的情况下正确选择零件的制造公差。通过对装配尺寸链的分析还可以合理地选择装配方法，在一定的生产条件下使模具能经济、合理地达到装配的精度要求。

　　2. 装配尺寸链计算的基本公式

　　计算装配尺寸链的目的是求出装配尺寸链中某些环的基本尺寸及其上下偏差。模具生产中一般采用极值法，极值法是以尺寸链中各尺寸出现极大值和极小值的极限情况为基础，要求各组成环的公差之和小于或等于封闭环的公差。其基本公式如下：

$$A_0 = \sum_{i=1}^{m} \overrightarrow{A_{Zi}} - \sum_{i=m+1}^{n-1} \overleftarrow{A_{Ji}}$$

$$A_{0\max} = \sum_{i=1}^{m} \overrightarrow{A_{Zi\max}} - \sum_{i=m+1}^{n-1} \overleftarrow{A_{Ji\min}}$$

$$A_{0\min} = \sum_{i=1}^{m} \overrightarrow{A_{Zi\min}} - \sum_{i=m+1}^{n-1} \overleftarrow{A_{Ji\max}}$$

$$B_s A_0 = \sum_{i=1}^{m} B_s \overrightarrow{A_{Zi}} - \sum_{i=m+1}^{n-1} B_x \overleftarrow{A_{Ji}}$$

$$B_x A_0 = \sum_{i=1}^{m} B_x \overrightarrow{A_{Zi}} - \sum_{i=m+1}^{n-1} B_s \overleftarrow{A_{Ji}}$$

$$T_0 = B_s A_0 - B_x A_0$$

$$A_{0m} = \sum_{i=1}^{m} \overrightarrow{A_{Zim}} - \sum_{i=m+1}^{n-1} \overleftarrow{A_{Jim}}$$

式中：$n$——包括封闭环在内的尺寸链总环数；

　　　　$m$——增环的数目；

　　　　$n-1$——组成环（包括增环和减环）的数目。

　　上述公式中用到的尺寸及偏差或公差符号见下表 6-1。

表 6-1　装配尺寸链的尺寸及偏差符号

| 环名 | 符号名称 | | | | | | |
|------|---------|---------|---------|---------|---------|---------|---------|
| | 基本尺寸 | 最大尺寸 | 最小尺寸 | 上偏差 | 下偏差 | 公差 | 平均尺寸 |
| 封闭环 | $A_0$ | $A_{0\max}$ | $A_{0\min}$ | $B_s A_0$ | $B_x A_0$ | $T_0$ | $A_{0m}$ |
| 增环 | $\overrightarrow{A_Z}$ | $\overrightarrow{A_{Z\max}}$ | $\overrightarrow{A_{Z\min}}$ | $B_s \overrightarrow{A_{Zi}}$ | $B_x \overrightarrow{A_{Zi}}$ | $\overrightarrow{T_{Zi}}$ | $\overrightarrow{A_{Zm}}$ |
| 减环 | $\overleftarrow{A_J}$ | $\overleftarrow{A_{J\max}}$ | $\overleftarrow{A_{J\min}}$ | $B_s \overleftarrow{A_{Ji}}$ | $B_x \overleftarrow{A_{Ji}}$ | $\overleftarrow{T_{Ji}}$ | $\overleftarrow{A_{Jm}}$ |

例如：图 6-2 为注射模斜楔锁紧滑块机构。模具装配精度和工作要求是在空模闭合状态时，必须使定模内平面至滑块分型面有 0.18～0.30mm 的间隙；当模具在闭合注射后，左、右滑块沿着斜楔滑行产生锁紧力，确保左、右滑块分型面密合，不产生塑件飞边。

已知各零件基本尺寸为：$A_1$ =57 mm，$A_2$ =20 mm，$A_3$ =37 mm，$A_0$ 的尺寸变动范围为 0.18～0.30mm。试采用互换装配法，确定各组成环的公差和极限偏差。

**解**：首先绘制装配尺寸链图，如图 6-2b 所示。

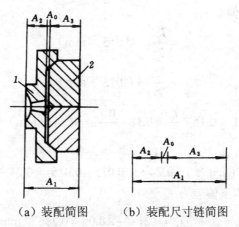

（a）装配简图　　　（b）装配尺寸链简图

**图 6-2　斜楔滑块机构装配尺寸链简图**

1—定模　2—左、右滑块

由于 $A_0$ 是在装配过程中最后间接形成的，故为封闭环（装配精度），$A_1$ 为增环，$A_2$、$A_3$ 为减环。

封闭环的基本尺寸 $A_0$ 为：

$$A_0 = \sum \vec{A}_{Zi} - \sum \overleftarrow{A}_{Ji} = A_1 - (A_2 + A_3) = 57 - (20 + 37) = 0$$

符合模具技术规定要求 $A_0 = 0$。封闭环的公差 $T_0$ 为：

$$T_0 = B_s A_0 - B_x A_0 = 0.30 - 0.18 = 0.12 \quad (\text{mm})$$

（1）各组成环的平均公差 $T_{im}$ 为：

$$T_{im} = \frac{T_0}{m} = \frac{0.12}{3} = 0.04 \quad (\text{mm})$$

式中：$m$——组成环数

（2）确定各组成环公差。以平均公差为基础，按各组成环基本尺寸的大小和加工难易程度调整，取：

$$T_1 = 0.05 \quad (\text{mm})$$

$$T_2 = T_3 = 0.03 \quad (\text{mm})$$

（3）确定各组成环的极限偏差。留 $A_1$ 为调整尺寸，其余各组成环按包容尺寸下偏差为零，被包容尺寸上偏差为零，确定为

$$A_2 = 20^0_{-0.03} \quad （\text{mm}）$$

$$A_3 = 37^0_{-0.03} \quad （\text{mm}）$$

这时各组成环的中间偏差为：

$$\Delta_2 = \frac{T_2}{2} = -0.015 \quad （\text{mm}）$$

$$\Delta_3 = \frac{T_2}{2} = -0.015 \quad （\text{mm}）$$

$$\Delta_0 = 0.18 + \frac{T_0}{2} = 0.18 + \frac{0.12}{2} = 0.24 \quad （\text{mm}）$$

计算组成环 $A_1$ 的中间偏差：

$$\Delta_1 = \Delta_0 - (\Delta_2 + \Delta_3) = 0.24 + (-0.015 - 0.015) = 0.21 \quad （\text{mm}）$$

组成环 $A_1$ 的上偏差和下偏差为：

$$B_s A_1 = \Delta_1 + \frac{1}{2} T_1 = 0.21 + \frac{1}{2} \times 0.05 = 0.235 \quad （\text{mm}）$$

$$B_x A_1 = \Delta_1 - \frac{1}{2} T_1 = 0.21 - \frac{1}{2} \times 0.05 = 0.185 \quad （\text{mm}）$$

于是

$$A_1 = 57^{+0.235}_{+0.185} \quad \text{mm}$$

（4）验证。由前述公式算出：

$$A_{0\max} = \sum \overrightarrow{A_{Z\max}} - \sum \overleftarrow{A_{Z\min}} = 57.235 - (19.97 + 36.97) = 0.295 \quad （\text{mm}）$$

$$A_{0\min} = \sum \overrightarrow{A_{Z\min}} - \sum \overleftarrow{A_{J\max}} = 57.185 - (20 + 37) = 0.185 \quad （\text{mm}）$$

$$T_0 = A_{0\max} - A_{0\min} = 0.295 - 0.185 = 0.11 < 0.12 \ \text{mm}$$

符合要求。

# 6.2　冲压模具的装配与试模

冲压模具的装配是按照图样设计要求，将模具零件连接或固定在一起，达到装配技术要求，并保证加工出合格冲压件的过程。

　　在模具进行装配之前，要仔细研究设计图样，按照模具的结构和技术要求，确定合理的装配顺序及装配方法，选择合理的检测方法和测量工具。

　　冲压模具的装配过程包括主要零部件的固定方法，凸、凹模间隙的控制及其调整与试模等。

## 6.2.1　冲裁模具装配与试模

　　下面以图 6-3 所示冲孔模为例，介绍冲裁模具的装配过程。

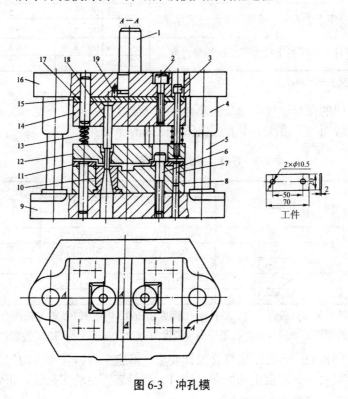

**图 6-3　冲孔模**

1—模柄　2、6—螺钉　3—卸料螺钉　4—导套　5—导柱　7、17、19—销钉　8、14—固定板
9—下模座　10—凹模　11—定位板　12—弹压卸料板　13—弹簧　15—垫板　16—上模座　18—凸模

### 1. 冲裁模具装配的技术要求

　　（1）装配好的冲模，其闭合高度应符合设计要求；

　　（2）模柄（活动模柄除外）装入模座后，其轴心线对上模座上平面的垂直度误差，在全长范围内不大于 0.05mm；

（3）导柱与导套装配后，其轴心线应分别垂直于下模座的底平面和上模座的上平面，其垂直度误差应符合表 6-2 的规定。当上模座沿导柱上、下移动时，应平稳而无阻滞现象；

（4）上模座的上平面应与下模座的底平面平行，其平行度应符合表 6-2 的规定；

表 6-2 模架分级技术指标

| 项 目 | 检 查 项 目 | 被测尺寸/mm | 模架精度等级 | |
|---|---|---|---|---|
| | | | I 级 | II 级 |
| | | | 公差等级 | |
| A | 上模座上平面对下模座下平面的平行度 | ≤400 | 5 | 6 |
| | | >400 | 6 | 7 |
| B | 导柱中心线对下模座下平面的垂直度 | ≤160 | 4 | 5 |
| | | >160 | 5 | 6 |

注：公差等级按 GB1184。

（5）装入模架的每对导柱和导套的配合间隙（或过盈）应符合表 6-3 的规定。装配好的导柱，其固定端面与下模座下平面应保留 1～2mm 距离；

表 6-3 导柱、导套配合间隙（或过盈） 单位：mm

| 配合形式 | 导柱直径 | 模架精度等级 | | 配合后的过盈 |
|---|---|---|---|---|
| | | I 级 | II 级 | |
| | | 公差等级 | | |
| 滑动配合 | 18 | ≤0.010 | ≤0.015 | |
| | >18～30 | ≤0.011 | ≤0.017 | |
| | >30～50 | ≤0.014 | ≤0.021 | |
| | >50～80 | ≤0.016 | ≤0.025 | 0.01～0.02 |
| 滚动配合 | >18～35 | — | — | |

注：I 级精度的模架必须符合导套、导柱配合精度为 H6/h5 时按表 6-3 给定的配合间隙值；
　　II 级精度的模架必须符合导套、导柱配合精度为 H7/h6 时按表 6-3 给定的配合间隙值。

（6）凸模和凹模的配合间隙应符合设计要求，沿整个刃口轮廓应均匀一致；

（7）定位装置要保证定位正确可靠，卸料、顶料装置要动作灵活、正确，出料孔畅通无阻，保证制件及废料不卡在冲模内；

（8）模具应在生产现场进行试模，冲出的制件应符合设计要求。

2. 冲裁模的装配

冲裁模的装配分为模具标准件装配、模具组件单元装配和总装。冲裁模一般选用标准模架，装配时只需对标准模架进行补充加工，然后进行模柄组件、凸模、凹模与固定板组件装配和总装等。

（1）模柄的装配。如图 6-4 所示，冲裁模采用压入式模柄，模柄与上模座的配合为

H7/m6。在装配凸模固定板和垫板之前应先将模柄压入模座内，如图 6-4a 所示，用角尺检查模柄圆柱面与上模座上平面的垂直度，其误差不大于 0.05mm。模柄垂直度经检查合格后再加工骑缝销孔（或螺孔）。然后将端面在平面磨床上磨平，如图 6-4b 所示。

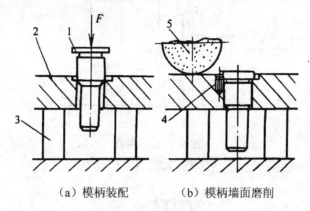

（a）模柄装配　　　　（b）模柄墙面磨削

**图 6-4　模柄的装配过程**

1—模柄　2—上模座　3—等高垫铁　4—骑缝销　5—砂轮

（2）导柱和导套的装配。冲模的导柱、导套与上、下模座均采用压入式连接。导套、导柱与模座的配合分别为 H7/r6 和 R7/r6。压入时要注意校正导柱对模座底面的垂直度。装配好的导柱的固定端端面与下模座底面的距离不小于 0.5～1mm。按照导柱、导套的安装顺序，压入式模架有以下两种装配方法。

① 先压入导柱的装配方法。 其装配过程如下：

● 选配导柱和导套。按照模架精度等级规定选配导柱和导套，使其配合间隙符合技术要求。

● 压入导柱。压入导柱时（图 6-5），在压力机平台上将导柱置于模座孔内，用百分表在两个垂直方向检验和校正导柱的垂直度，边检验校正边压入，将导柱慢慢压入模座。

● 检测导柱与模座基准平面的垂直度。应用专用工具或 90° 角尺检测垂直度，不合格时应退出重新压入。

● 装导套。将上模座反置装上导套，转动导套，用千分表检查导套内外圆配合面的同轴度误差，如图 6-6a 所示。然后将同轴度最大误差 $\Delta_{max}$ 调至两导套中心连线的垂直方向，使由同轴度误差引起的中心距变化最小。

● 压入导套（图 6-6b）。将帽形垫块置于导套上，在压力机上将导套压入上模座一段长度，取走下模部分，用帽形垫块将导套全部压入模座。

● 检验。将上模座与下模座对合，中间垫上等高垫块，检验模架平行度精度。

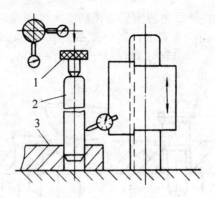

图 6-5   压入导柱
1—压块   2—导柱   3—下模座

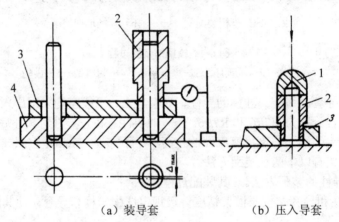

（a）装导套                    （b）压入导套

图 6-6   压入导套
1—帽形垫块   2—导套   3—上模座   4—下模座

② 先压入导套的装配方法其装配过程如下：

● 选配导柱和导套。

● 压入导套如图 6-7 所示。将上模座放于专用工具 4 的平板上，平板上有两个与底面垂直且与导柱直径相同的圆柱，将导套 2 分别装入两个圆柱上，垫上等高垫块 1，在压力机上将两导套压入上模座 3。

● 装导柱如图 6-8 所示。在上下模座之间垫入等高垫块，将导柱 4 插入导套 2 内，在压力机上将导柱压入下模座 5~6mm，再将上模座提升到导套不脱离导柱的最高位置（即图 6-8）双点画线所示位置，然后轻轻放下，检验上模座与等高垫块接触的松紧是否均匀。如松紧不均匀，应调整导柱，直至松紧均匀。

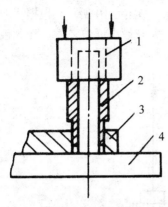

图 6-7　压入导套
1—等高垫块　2—导套
3—上模座　4—专用工具

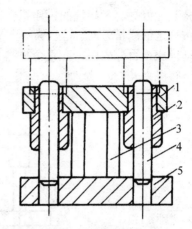

图 6-8　压入导柱
1—上模座　2—导套　3—等高垫块
4—导柱　5—下模座

● 压入导柱。

● 检验模架平行度精度。

导柱的垂直度误差采用比较测量进行检验，如图 6-9 所示。测量前将圆柱角尺置于平板上，对测量工具进行校正，如图 6-9a 所示。由于导柱对模座底面的垂直度具有方向性，因此应在相互垂直的两个方向上进行测量，如图 6-9b，并按下式计算出导柱的最大误差值 $\Delta$：

$$\Delta = \sqrt{\Delta X^2 + \Delta Y^2}$$

式中：$\Delta X$——在相互垂直的方向上测量的导柱垂直度误差；

$\Delta Y$——导柱的垂直度误差。

检查导套孔轴线对上模座顶面的垂直度，可在导套孔内插入锥度（200：0.015）芯棒进行测量，如图 6-9c 所示。其测量和计算方法与导柱相同。但在读取 $\Delta X$ 和 $\Delta Y$ 值时应扣除被测尺寸范围内芯柱锥度的影响。

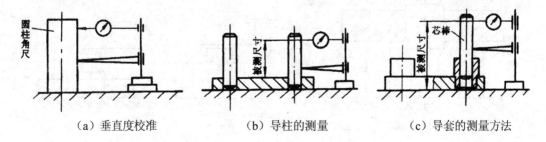

（a）垂直度校准　　　　　（b）导柱的测量　　　　　（c）导套的测量方法

图 6-9　导柱、导套垂直度检测

导柱、导套的垂直度误差不应超出表 6-3 的规定。否则应查明原因并予以消除。

　　将装配好导套和导柱的模座组合在一起，在上、下模座之间垫以球形垫块，在检验平板上按规定的测量方向，检查模座上平面对底面的平行度，如图6-10所示。根据模架大小可移动模座或百分表座，在整个被测表面内取百分表的最大与最小读数之差，作为被测模架的平行度误差。

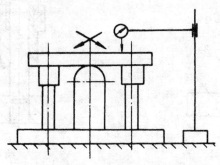

图 6-10　模架平行度的检查

　　（3）凹模、凸模与固定板的装配。如图6-3所示的模具的凹模是组合式结构，凹模与固定板的配合常采用H7/m6。总装前应先将凹模压入固定板内。在平面磨床上将上、下平面磨平。

　　如图6-3所示的凸模与固定板的配合常采用H7/m6。凸模装入固定板后，其固定端的端面应和固定板的支承面处于同一平面内。凸模中心线应和固定板的支承面垂直。

　　装配时先在压力机上将凸模压入固定板内，如图6-11所示。凸模对固定板支承面的垂直度经检查合格后用手锤和凿子将凸模的上端铆合，并在平面磨床上将凸模的上端面和固定板一起磨平。如图6-12a所示。为了保持凸模的刃口锋利，应以固定板的支承面定位，将凸模工作端的端面磨平，如图6-12b所示。

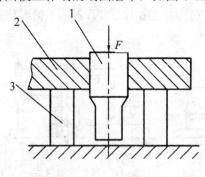

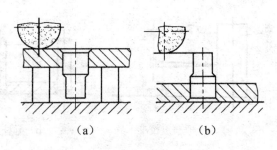

（a）　　　　　　　　　（b）

图 6-11　凸模装配　　　　　　　　　　　　图 6-12　磨支承面
1—凸模　2—固定板　3—等高垫板

在模具装配中导柱、导套与模座，凸模与凸模固定板等零件的连结除采用以上固定方式外，还可以采用低熔点合金、环氧树脂粘结等技术，将这些零件相互固定起来。下面以凸模和凸模固定板的连结为例，简述采用低熔点合金粘结、环氧树脂粘结技术的装配方法。

① 低熔点合金是用铋、铅、锡、锑等金属元素配制的一种合金，按不同的使用要求，各金属元素在合金中的含量也不相同。模具制造中常用的低熔点合金性能见表 6-4。

表 6-4 低熔点合金配方表

| 序号 | 元素 | Bi | Pb | Sn | Sb | 合金熔点 | 浇注温度 |
|---|---|---|---|---|---|---|---|
| | 熔点℃ | 271 | 327.4 | 232 | 630.5 | | |
| 1 | 含量% | 48 | 28.5 | 14.5 | 9 | 120 | 150~200 |
| 2 | | 48 | 32 | 15 | 5 | 100 | 120~150 |

如图 6-13 所示是用低熔点合金固定凸模的几种结构形式。它是将熔化的低熔点合金浇入凸模和固定板的间隙内，利用合金冷凝时的体积膨账，将凸模固定在凸模固定板上，因此对凸模固定板精度要求不高，加工容易。浇注前凸模和固定板的浇注部分应进行清洗，去除油污。

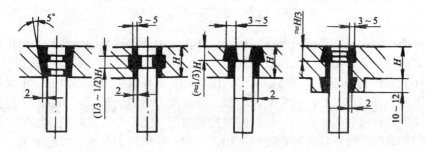

图 6-13 低熔点合金固定凸模

以凹模定位安装凸模，并保证凸、凹模间隙均匀，用螺钉和平行夹头将凸模、凸模固定板和托板固定，如图 6-14 所示。浇注前应预热凸模及固定板的浇注部位，预热温度以100~150℃为宜。在浇注过程中及浇注后，凸、凹模等零件均不能触动，以防错位。一般要放置约 24h，进行充分冷却。

熔化合金的用具事先必须严格烘干。合金熔化时温度不能过高，约以 200℃为宜，以防合金氧化变质、晶粒粗大影响质量。熔化过程中应及时搅拌并去除浮渣。

② 环氧树脂固定粘结法。图 6-15 所示是用环氧树脂粘结法固定凸模的几种结构形式。

在凸模与凸模固定板的间隙内浇入环氧树脂粘结剂，经固化后将凸模固定。

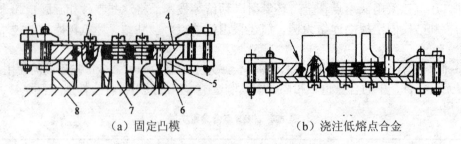

（a）固定凸模　　　　　　（b）浇注低熔点合金

图 6-14　浇注低熔点合金的方法

1—平行夹头　2—托板　3—螺钉　4—凸模固定板　5—等高垫铁　6—凹模　7—凸模　8—平板

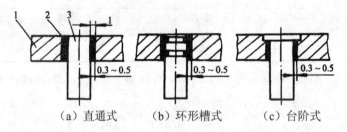

（a）直通式　　　（b）环形槽式　　　（c）台阶式

图 6-15　用环氧树脂粘结剂固定凸模形式

1—凸模固定板　2—环氧树脂　3—凸模

环氧树脂粘结剂的主要成分是环氧树脂，并在其中加入适量的增塑剂、硬化剂、稀释剂及各种填料以改善树脂的工艺和机械性能。

配制环氧树指粘结剂时，应按配方中的用量，先将环氧树脂倒入清洁、干燥的容器内加热（其温度不超过 80℃），使流动性增加。再依次将增塑剂和填充剂放入，搅拌均匀。固化剂只能在粘结前放入，而且在放入时要控制温度（30℃左右）并搅拌均匀，用肉眼观察，当容器的壁部无油状悬浮物存在时再稍置片刻，使气泡大量逸出即可使用。

粘结前，应先用丙酮将凸模和固定板上需要浇注环氧树脂的表面洗净，将凸模装入凹模型孔内，使凸、凹模的配合间隙均匀（用垫片、涂层或镀层），如图 6-16 所示。将调好间隙的凸、凹模翻转，把凸模的固定部分插入凸模固定板的孔中如图 6-16a 所示；在凹模与固定板之间垫入等高垫块，并使凸模端面与平板贴合，如图 6-16b 所示。最后将调配好的环氧树脂粘结剂浇注到凸模和固定板之间的间隙内，在室温下静置 24h，进行固化。

低熔点合金和环氧树脂粘结技术还可用于装配其他零件。如图 6-17、图 6-18 所示，是用低熔点合金固定的镶拼式凹模和导套。图 6-19 所示是将导套和导柱衬套分别粘结在上、下模座上。此外，环氧树脂可用来浇注卸料板上有导向作用的型孔。如图 6-20 所示。

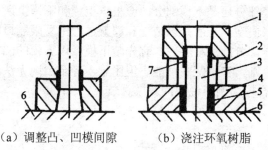

（a）调整凸、凹模间隙 （b）浇注环氧树脂

图 6-16 用环氧树脂粘结剂浇主固定凸模

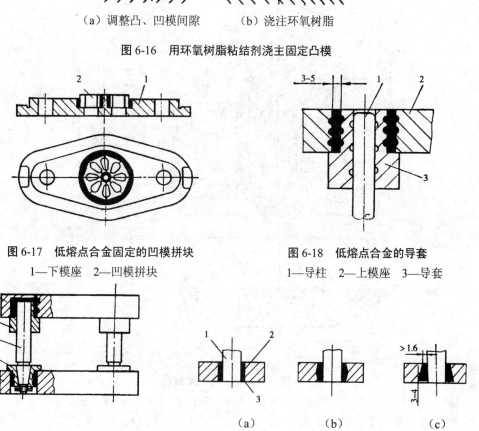

图 6-17 低熔点合金固定的凹模拼块

1—下模座 2—凹模拼块

图 6-18 低熔点合金的导套

1—导柱 2—上模座 3—导套

图 6-19 用环氧树脂固定的导柱和导套

1—上模座 2—导套 3—导柱 4—衬套

图 6-20 用环氧树脂浇注卸料板的几种结构

1—凸模 2—卸料板 3—环氧树脂

为了防止凸模和环氧树脂粘合，可在凸模表面涂一层汽车蜡后，再涂一层极薄的脱模剂。采用环氧树脂浇注卸料板，可使卸料板的精度要求降低，加工容易，生产周期短。

（4）总装。根据前述模具装配的技术要求、模具零件的固定方法，完成模具的模架、凸模、凹模部分组件装配后，即可进行模具的总装。

　　总装时，先装配上模部分还是下模部分，应根据上模和下模上所安装零件在装配和调整过程中所受限制情况来决定。一般是以装配和调整过程中受限制最大的部分先安装，并以它为基准调整模具另一部分的活动零件，宜先装下模。以下模的凹模为基准调整装配上模的凸模和其他零件，否则，在装配中可能出现困难，甚至出现无法装配的情况。下面以图 6-21 所示落料冲孔复合模为例，说明冲裁模总装。

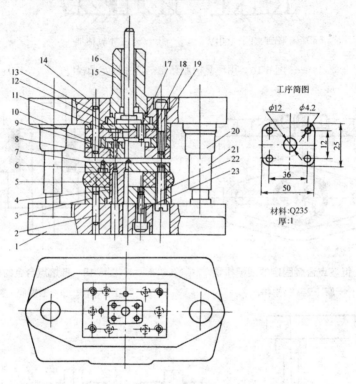

图 6-21　落料冲孔复合模

1—下模座　2、13—定位销　3—凸凹模固定板　4—凸凹模　5—橡胶　6—卸料板　7—定位销　8—凹模　9—推板　10—空心垫板　11—凸模　12—垫板　14—上模座　15—模柄　16—打料杆　17—顶料销　18—凸模固定板　19、22、23—螺钉　20—导套　21—导柱

　① 确定装配基准件

● 落料冲孔复合模应以凸凹模为基准件，首先确定凸凹模在模架中的位置。安装凸凹模组件，加工下模座漏料孔确定凸凹模组件在下模座上的位置，然后用平行夹板将凸凹模组件和下模座夹紧；在下模座上画出漏料孔线。

● 加工漏料孔。下模座漏料孔尺寸应比凸凹模漏料孔尺寸单边大 0.5～1mm。

● 安装凸凹模组件。将凸凹模组件在下模座重新找正定位，并用平行夹板夹紧。钻铰销孔、螺孔，安装定位销 2 和螺钉 23。

② 安装上模部分

● 检查上模各个零件尺寸是否能满足装配技术条件要求。如推板 9 顶出端面应突出落料凹模端面等。打料系统各零件尺寸是否合适，动作是否灵活等。

安装上模，调整冲裁间隙。将上模系统各零件分别装于上模座 14 和模柄 15 孔内；用平行夹板将落料凹模 8、空心垫板 10；凸模组件、垫板 12 和上模座 14 轻轻夹紧，然后调整凸模组件和凸凹模 4 及冲孔凹模的冲裁间隙，以及调整落料凹模 8 和凸凹模 4 及落料凸模的冲裁间隙，可采用垫片法调整，并用纸片进行试冲、调整，直至各冲裁间隙均匀。

再用平行夹板将上模各板夹紧。

● 钻铰上模销孔和螺孔。上模部分用平行夹板夹紧，在钻床上以凹模 8 上的销孔和螺钉孔作为引钻孔，钻铰销孔和螺钉孔。然后安装定位销 13 和螺钉 19。

③ 安装弹压卸料部分

● 安装弹压卸料板。将弹压卸料板套在凸凹模上，弹压卸料板和凸凹模组件端面垫上平行垫铁，保证弹压卸料板端面与凸。凹模上平面的装配位置尺寸，用平行夹板将弹压卸料板和下模夹紧。然后在钻床上同钻卸料孔。最后将下模各板上的卸料螺钉孔加工到规定尺寸。

● 安装卸料橡胶和定位销。在凸凹模组件上和弹压卸料板上分别安装卸料橡胶 5 和定位销 7，拧紧卸料螺钉 22。

④ 检验

按冲模技术条件进行装配检查。

⑤ 试冲

按生产条件试冲，合格后入库。装配下模部分。

图 6-21 所示的模具在总装时是先装下模部分，但对有些模具则应先装上模部分，以上模为基准装配下模上的模具零件较为方便。如图 6-22 所示垫圈冲裁复合模，当模具的活动部分向下运动时，冲孔凸模 1 进入凸凹模，完成冲孔加工。同时凸凹模 8 进入落料凹模 4 内，完成落料加工。由于该模具的凸模和凹模是用同一组螺钉与销钉进行联结和定位，为便于装配和调整，总装时应先装上模。将凸凹模插在凸模和凹模之间来调整好两者的相对位置，完成冲孔凸模和落料凹模的装配后，再以它们为基准装配凸凹模。

对于连续模，由于在一次行程中有多个凸模同时工作，保证各凸模与其对应型孔都有均匀的冲裁间隙是装配的关键所在。为此，应保证固定板与凹模上对应孔的位置尺寸一致，并使连续模的导柱、导套比单工序导柱模有更好的导向精度。为了保证模具有良好的工作状态，卸料板与凸模固定板上的对应孔的位置尺寸也应保持一致。所以在加工凹模、卸料板和凸模固定板时，必须严格保证孔的位置尺寸精度，否则将给装配造成困难，甚至无法装配。在可能的情况下，采用低熔点合金和粘结技术固定凸模，可以降低固定板的加工要求。或将凹模做成镶拼结构，以使装配时调整方便。

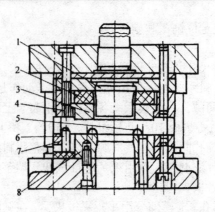

图 6-22　垫圈冲孔复合模

1—冲孔凸模　2—弹压橡皮　3—卸料板　4—落料凹模
5—导料销　6—挡料销　7—压料板　8—凸凹模

　　为了保证冲裁件的加工质量,在装配连续模时要特别注意保证送料长度和凸模间距(步距)之间的尺寸要一致。

　　装配好的模具经试冲、检验合格后即可使用。

　　⑥ 调整冲裁间隙

　　在模具装配时保证凸、凹模之间的配合间隙均匀十分重要。凸、凹模的配合间隙是否均匀,不仅影响冲模的使用寿命,而且对于保证冲件质量也十分重要。调整冲裁间隙的方法,除上面讲过的透光法外,还有以下几种:

●　测量法。这种方法是将凸模插入凹模型孔内,用塞尺检查凸、凹模不同部位的配合间隙,根据检查结果调整凸、凹模之间的相对位置,使两者在各部分的间隙均匀一致。测量法只适用于凸、凹模配合间隙(单边)在 0.02 mm 以上的模具。

●　垫片法。这种方法是根据凸、凹模配合间隙的大小在凸、凹模的配合间隙内垫入厚度均匀的纸条或金属垫片,以保证凸、凹模配合间隙均匀,如图 6-23 所示。

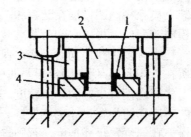

图 6-23　用垫片法调整

1—垫片　2—凸模　3—等高垫付铁　4—凹模

- 涂层法。在凸模上涂一层涂料（如磁漆或氨基醇酸绝缘漆等），其厚度等于凸、凹模的配合间隙（单边），再将凸模插入凹模型孔，获得均匀的冲裁间隙，此法简便，对于不能用垫片法（小间隙）进行调整的冲模很适用。
- 镀铜法。镀铜法和涂层法相似，在凸模的工作端镀一层厚度等于凸、凹模单边配合间隙的铜层代替涂料层，使凸、凹模获得均匀的配合间隙。镀层厚度用电流密度及电镀时间来控制，厚度均匀，易保证模具冲裁间隙均匀。镀层在模具使用过程中可以自行剥落而在装配后不必去除。

⑦ 冲裁模的试模

冲模装配完成后，在生产条件下进行试冲，通过试冲可以发现模具的设计和制造缺陷，找出产生原因，对模具进行适当的调整和修理后再进行试冲，直到模具能正常工作，冲出合格的制件，模具的装配过程即告结束。

冲裁模试冲的常见缺陷、产生原因及调整方法见表 6-5。

表 6-5　冲裁模试冲时出现的缺陷、原因和调整方法

| 试冲的缺陷 | 产生原因 | 调整方法 |
| --- | --- | --- |
| 送料不通畅或料被卡死 | 1. 两导料之间的尺寸过小或有斜度<br>2. 凸模与卸料板之间的间隙过大，使搭边翻扭<br>3. 用侧刀定距的冲裁模导料板的工作面和侧刃不平行形成毛刺，使条料卡死，如下图所示<br><br>4. 侧刀与侧刀挡块不密合形成毛刺，使条料卡死，如下图所示 | 1. 根据情况修整或重装卸料板<br>2. 根据情况采取措施减小凸模与卸料板之间的间隙<br>3. 重装导料板<br>4. 修整侧刃挡块，消除间隙 |
| 卸料不正常退料不下来 | 1. 由于装配不正确，卸料机构不能动作，如卸料板与凸模配合过紧，或因卸料板倾斜而卡紧<br>2. 弹簧或橡皮的弹力不足<br>3. 凹模和下模座的漏料孔没有对正，凹模孔有倒锥度造成堵塞，料不能排出<br>4. 顶出器过短或卸料板行程不够 | 1. 修整卸料板、顶板等零件<br>2. 更换弹簧或橡皮<br>3. 修整漏料孔，修整凹模<br>4. 加长顶出器的顶出部分或加深卸料螺钉沉孔的深度 |
| 凸、凹模的刃口相碰 | 1. 上模座、下模座、固定板、凹模、垫板等零件安装面不平行<br>2. 凸、凹模错位<br>3. 凸模、导柱等零件安装不垂直<br>4. 导柱与导套配合间隙过大，导向不准确<br>5. 料板的孔位不正确或歪斜，使凸模位移 | 1. 修整有关零件，重装上模或下模<br>2. 重新安装凸、凹模，使其对正<br>3. 重装凸模或导柱<br>4. 更换导柱或导套<br>5. 修理或更换卸料 |

（续表）

| 试冲的缺陷 | 产生原因 | 调整方法 |
|---|---|---|
| 凸模折断 | 1. 冲裁时产生的侧向力未抵消<br>2. 卸料板倾斜 | 1. 在模具上设置靠块抵消侧向力<br>2. 正卸料板或加凸模导向装置 |
| 凹模胀裂 | 1. 凹模孔有倒锥度现象（上口大下口小）<br>2. 凹模内卡住工件（废料）太多 | 1. 修磨凹模孔，消除倒锥现象<br>2. 修低凹模型孔高度 |
| 冲裁件的形状和尺寸不正确 | 凸模与凹模的刃口形状及尺寸不正确 | 先将凸模和凹模的形状及尺寸修准，然后调整冲模的间隙 |
| 落料外形和冲孔位置不正成偏位现象 | 1. 挡料销位置不正<br>2. 落料凸模上导正销尺寸过小<br>3. 导料板和凹模送料中心线不平行使孔偏斜<br>4. 侧刃定距不准确 | 1. 修正挡料销<br>2. 更换导正销<br>3. 修正导料板<br>4. 刃磨或更换侧刃 |
| 冲压件不平整 | 1. 落料凹模有上口大、下口小的倒锥，冲件从孔中通过时被压弯<br>2. 冲模结构不当，落料时无压料装置<br>3. 在连续模中，导正销与预冲孔配合过紧，工件压出凹陷<br>4. 导正销与挡料销之间距离过小，导正销使条料前移，被挡料销挡住产生弯曲 | 1. 修磨凹模孔，去除倒锥现象<br>2. 加压料装置<br>3. 修小导正销<br>4. 修小挡料销 |
| 冲裁件的毛刺较大 | 1. 刃口不锋利或刃口淬火硬度不够<br>2. 凸、凹模配合间隙过大或间隙不均匀 | 1. 修磨工件部分刃口<br>2. 重新调整凸、凹模间隙 |

## 6.2.2  弯曲模的装配与试模

在弯曲成形工艺中，由于材料回弹的影响，常使弯曲件在模具中弯成的形状与取出后的形状不一致，从而影响制件的形状和尺寸要求。影响回弹的因素较多，很难用设计计算加以消除，因此在制造模具时，常按试模时的回弹值修正凸模（或凹模）形状。为了便于修整，弯曲模的凸模和凹模多在试模合格后才进行热处理。另外，弯曲属于变形加工，有些弯曲件的毛坯尺寸要经过试验才能最后确定。所以弯曲模的试冲除了要找出模具的缺陷以便修正和调整外，另一目的就是为了最后确定制件的毛坯尺寸。由于这一工作涉及材料的变形问题，所以弯曲模的调整工作比一般冲裁模要复杂得多，其他装配过程与冲裁模相似。

弯曲模在试冲时常出现的缺陷、产生的原因及调整方法见表6-6。

表 6-6  弯曲模试冲时出现的缺陷、原因及调整方法

| 试冲的缺陷 | 产生原因 | 调整方法 |
|---|---|---|
| 制件的弯曲角度不够 | 1. 凸、凹模的弯曲角制造不能克服回弹<br>2. 凸模进入凹模的深度太浅<br>3. 凸、凹模之间的间隙过大<br>4. 校正弯曲的实际单位校正力过大 | 1. 修正凸、凹模，使弯曲角度达到要求<br>2. 增加凹模深度，增大制件的有效变形区域<br>3. 采取措施减小凸、凹的配合间隙<br>4. 增大校正力或修整凸（凹）模形状，使校正力集中在变形部位 |
| 制件的弯曲位置不符合要求 | 1. 定位板位置不正确<br>2. 弯曲件两侧受力不平衡<br>3. 压料力不足 | 1. 重新移装定位板，保证其位置正确<br>2. 分析制件受力不平衡的原因并纠正<br>3. 采取措施增大压料力 |
| 制件尺寸过长或不足 | 1. 将材料拉长<br>2. 压料力过大，使材料伸长<br>3. 设计计算错误 | 1. 修整凸、凹模，增大间隙值<br>2. 采取措施减少压料装置的压料力<br>3. 坯件落料尺寸在弯曲试模后确定 |
| 制件表面擦伤 | 1. 凹模圆角半径过小，表面粗糙度值过大<br>2. 润滑不良，使坯料粘附在凹模上<br>3. 凸、凹模之间的间隙不均匀 | 1. 增大凹圆角半径，减小表面粗糙度值<br>2. 合理润滑<br>3. 修整凸、凹模，使间隙均匀 |
| 制件弯曲部位产生裂纹 | 1. 坯料塑性差<br>2. 弯曲线与板料的纤维方向平行<br>3. 剪切断面的毛刺在弯曲的外侧 | 1. 将坯料退火后再弯曲<br>2. 改变落料排样或改变条料下料方向使弯曲线与板料纤维方向垂直<br>3. 使毛刺在弯曲的内侧，圆角带在外侧 |

## 6.2.3  拉深模的装配与试模

1. 拉深模的装配特点

（1）拉深凸、凹模的工作端部要求有光滑的圆角；

（2）拉深模工作零件的表面粗糙度值要求较小，一般 $Ra$ =0.32～0.04μm

（3）拉深模即使组成零件制造很精确，装配也正确，但由于材料弹性变形的影响，拉深出的制件不一定合格。因此在模具试冲后往往要求对模具进行修整加工。

（4）试模过程中要加入润滑剂，以利于成形。

2. 拉深模装配后试冲的目的

（1）通过试冲发现模具存在的缺陷，找出原因并进行调整、修正；

（2）最后确定制件拉深前的毛坯尺寸。为此应按原来的工艺设计方案制作一个毛坯进行试冲，并测量出试冲件的尺寸偏差，根据偏差值确定是否对毛坯进行修改。如果试冲件不能满足设计要求，应对毛坯进行适当修改，再进行试冲，直至试件符合要求，此时的毛坯尺寸方可作为落料尺寸。

拉深模在试冲时常出现的缺陷、产生原因及调整方法见表 6-7。

表 6-7　拉深模试冲时出现的缺陷、原因及调整方法

| 试冲的缺陷 | 产生原因 | 调整方法 |
|---|---|---|
| 制件拉深高度不够 | 1. 毛坯尺寸小<br>2. 拉深间隙过大<br>3. 模圆角半径太小 | 1. 放大毛坯尺寸<br>2. 更换凸模或凹模，使间隙适当<br>3. 加大凸模圆角半径 |
| 制件拉深高度太大 | 1. 毛坯尺寸太大<br>2. 拉深间隙太小<br>3. 凸模圆角半径太大 | 1. 减小毛坯尺寸<br>2. 修整凸、凹模，加大间隙<br>3. 减小凸模圆角半径 |
| 制件壁厚和高度不均 | 1. 凸模与凹模间隙不均匀<br>2. 定位板或档料销位置不正确<br>3. 凸模不垂直<br>4. 压边力不均匀<br>5. 凹模几何形状不正确 | 1. 调整凸模或凹模，使间隙均匀<br>2. 调整定位板及档料销位置，使之正确<br>3. 修整凸模后重装<br>4. 调整托杆长度或弹簧位置<br>5. 重新修整凹模 |
| 制件起皱 | 1. 压边力太小或不均<br>2. 凸、凹模间隙太大<br>3. 凹模圆角半径太大<br>4. 板料塑性差 | 1. 增加压边力或调整顶件杆长度、弹性位置<br>2. 减小拉深间隙<br>3. 减小凹模圆角半径<br>4. 更换塑性好的材料 |
| 制件破裂或有裂纹 | 1. 压料力太大<br>2. 压料力不够起皱引起裂<br>3. 拉深间隙太小<br>4. 凹模圆角半径太小，表面粗糙<br>5. 凸模圆角半径太小<br>6. 拉深系数太小<br>7. 凸模与凹模不同轴或不垂直<br>8. 板料质量不好 | 1. 调整压料力<br>2. 调整顶杆长度或弹簧位置<br>3. 加大拉深间隙<br>4. 加大凹模圆角半径，修磨凹圆角<br>5. 加大凸模圆角半径<br>6. 增加拉深工序和中间退火工序<br>7. 重装凸、凹模，保证位置精度<br>8. 更换材料或增加退火工序，改善润滑条件 |
| 制件表面拉毛 | 1. 拉深间隙太小或不均匀<br>2. 凹模圆角表面太粗糙<br>3. 模具或板料不清洁<br>4. 凹模硬度太低、板料粘附作用<br>5. 润滑油中有杂质 | 1. 修整拉深间隙<br>2. 修光凹模圆角<br>3. 清洁模具及板料<br>4. 提高凹模硬度或进行镀铬及氮化处理<br>5. 更换润滑油 |
| 制件底面不平 | 1. 凸模凹模（顶出器）无出气孔<br>2. 顶出器在冲压的最终位置时顶力不足<br>3. 材料本身存在弹性 | 1. 钻出气孔<br>2. 调整冲模结构，使冲模闭合时，顶出器处于刚性接触状态<br>3. 改变凸模、凹模和压料板形状 |

# 6.3　塑料模具的装配与试模

　　塑料模的装配与冷冲压模具的装配有许多相似之处，但在某些方面更为严格。如塑料模在成形制件时是在高温、高压和粘流状态下成形的，模具闭合后，型面要求保持均匀密合。在某些情况下，动模和定模上的型芯也要求在合模后保持紧密接触等。

塑料模具的装配主要包括模架装配、成形零件（型芯、型腔）装配、流道系统装配、脱模机构装配、横向抽芯机构装配以及总装和试模等。这里介绍采用标准模架的主要装配过程。

## 6.3.1  成形零件的装配

1. 型芯的装配

根据塑料模具的结构特点，型芯和固定板有不同的连接形式，如图 6-24 所示。

图 6-24 a 的固定方式为：将型芯压入固定板。在压入过程中，要注意校正型芯的垂直度，防止压入时型芯切坏孔壁和固定板产生变形，压入后在平面磨床上磨平端面。

图 6-24b 的装配方式常用于螺纹连接型芯的压缩模中。先将型芯位置调整后再用螺母紧固，用骑缝螺钉定位。

图 6-24c 为螺母固定方式，型芯连接段采用 H7/k6 或 H7/m6 与固定板孔配合定位，两者的连接采用螺母紧固，简化了装配过程，适合安装有方向要求的型芯。当型芯位置固定后，用定位螺钉定位。

图 6-24d 所示的装配方式中，型芯和固定板采用 H7/k6 或 H7/m6 与固定板孔配合，将型芯压入固定板，经校正合格后用螺钉紧固。在压入前，应将型芯压入端的棱边修磨成小圆弧，以免切坏固定板孔壁而失去定位精度。

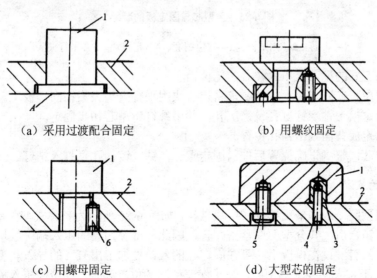

（a）采用过渡配合固定          （b）用螺纹固定

（c）用螺母固定            （d）大型芯的固定

图 6-24  型芯固定方式

1—型芯  2—固定板  3—定位销套  4—定位销  5—螺钉  6—骑缝螺钉

大型芯与固定板装配时，为了便于调整型芯和型腔的相对位置，减少机械加工工作量，对面积较大而高度较低的型芯，一般采用如图 6-25 大型芯与固定板的装配方式。其装配顺序如下。

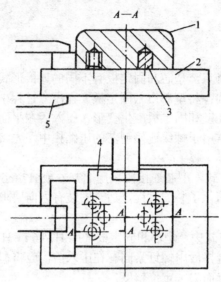

图 6-25　大型芯与固定板的装配

1—型芯　2—固定板　3—定位销套　4—定位块　5—平行夹头

（1）在加工好的型芯上压入实心的定位销套。
（2）根据型芯在固定板上位置要求将定位块用平行夹头夹紧在固定板上。
（3）在固定板上钻螺钉过孔及锪沉孔，并用螺钉将型芯初步固定。
（4）在固定板背面划出销孔位置。
（5）将型芯调整到正确位置后拧紧固定螺钉，钻、铰销孔，打入销钉。

2. 型腔的装配

塑料模的型腔一般多采用镶嵌或拼块结构，如图 6-26 所示为整体式型腔的装配。型腔和动、定模板镶合后，其分型面要紧密配合，因此，型腔凹模的压入端一般均不充许修出斜度，而将导入斜度设在模板上，可在固定孔的入口处加工出 1°的导入斜度，其高度不超过 5mm，对于有方向要求的型腔，为了保证型腔的位置要求，在型腔压入模板一小部分后应用百分表检侧型腔的直线部分（如图中 B），如果出现位置误差，可用管钳等工具将其旋转到正确位置后再压入模板。为了便于装配，可以考虑让型腔与模板间保持 0.01～0.02 mm 的配合间隙（如图中 A），待型腔全部压入模板后将位置找正，用定位销定位。

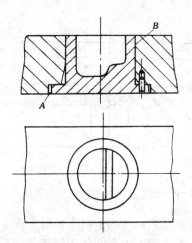

图 6-26　整体式型腔的装配

　　图 6-27 所示为拼块式结构型腔。拼块结构的型腔拼合面在热处理后要进行磨削加工，拼块两端都应留有加工余量，待装配完成后，再将两端和模板一起磨平，如图 6-27a 所示。

　　在装配压入过程中，为防止在压入方向上相互错位，可在施压端垫一块平垫板，通过平垫板将各拼块一起压入模板中。如图 6-27b 所示。

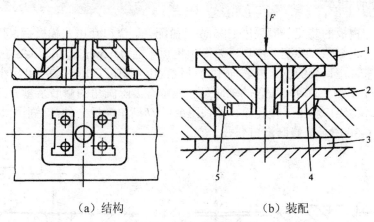

（a）结构　　　　　　　　　　（b）装配

图 6-27　拼块式结构型腔

1—平垫板　2—模板　3—等高垫块　4、5—型腔拼块

　　塑料模装配后，部分型芯和型腔的表面或动、定模的型芯之间，在合模状态下要求紧密接触。为了达到这一要求，一般采用修配法进行修磨。

　　图 6-28 所示是装配后在型芯端面与型腔底平面之间出现了间隙 $\Delta$，可采用下述方法进行修整。

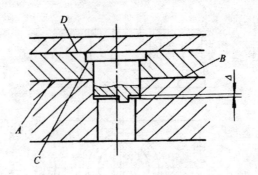

图 6-28 型芯端面与型腔底平面间出现间隙

（1）修磨固定平面 $A$。拆去型芯，将固定板磨去等于间隙 $\Delta$ 的厚度。

（2）修磨型腔上平面 $B$。直接磨去上平面等于间隙的厚度。

（3）修磨型芯台肩面 $C$。拆去型芯，将 $C$ 面磨去等于间隙 $\Delta$ 的厚度。但重新装配后需将固定板 $D$ 面与型芯一起磨平。

## 6.3.2 浇口套和顶出机构的装配

### 1. 浇口套的装配

浇口套与定模板的装配一般采用 H7/m6 过盈配合。浇口套压入模板后，其内台肩应与沉孔底面贴紧、无缝隙。装配后浇口套要高出模板平面 0.02mm，如图 6-29 所示。为了达到以上装配要求，浇口套的压入外表面不允许设置压入斜度，压入端要磨出小圆角，以免压入时切坏模板孔壁。同时，压入的轴向尺寸应留有去除圆角的修磨余量 $H$。

在装配时，将浇口套压入模孔板，使预留余量 $H$ 凸出模板之外。在平面磨床上磨平预留余量，如图 6-30 所示为修磨浇口套。

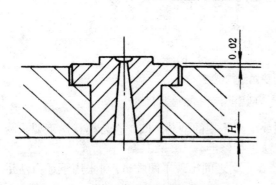

图 6-29 装配后的浇口套

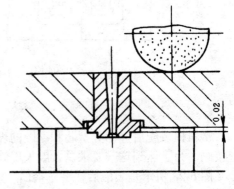

图 6-30 修磨浇口套

使磨平的浇口套退出，再将模板磨去 0.02mm，重新压入浇口套。台肩相对于定模板的高出量为 0.02mm，可由零件的加工精度保证。

2. 顶出机构的装配

塑料模制件的顶出机构一般由顶板、顶杆固定板、顶杆、导柱和复位杆等组成，如图6-31 所示。其装配技术要求为：装配后顶出机构应运动灵活，无卡阻现象；顶杆在顶杆固定板孔内每边都应有 0.5 mm 的间隙；顶杆工作端面应高出型面 0.05～0.10 mm；完成顶出制品后，顶杆应能在合模后自动退回原始位置。

顶出机构的装配顺序如下。

（1）导柱垂直压入支承板并将其端面与支承板一起磨平。

（2）有导套的顶杆固定板套装在导柱上，并将顶杆、复位杆穿入顶杆固定板、支承板和型腔的配合孔中，盖上顶板用螺钉拧紧。调整后使顶杆、复位杆能灵活运动。

（3）修磨顶杆和复位杆的长度。如果顶板和垫圈接触时复位杆、顶杆低于型面，则修磨导柱的台肩和支承板的上平面；如果顶杆、复位杆高于型面，则修磨顶板的底面。

（4）顶杆和复位杆在加工时稍留长一些，装配后将多余部分磨去。

（5）修磨后的复位杆应低于型面 0.02～0.05 mm，顶杆应高于型面 0.05～0.10mm，顶杆、复位杆顶端可以倒角。

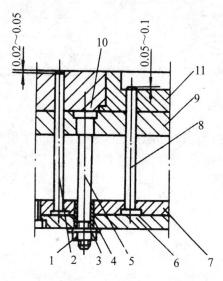

图 6-31 顶出机构

1—螺母　2—复位杆　3—垫圈　4—导套　5—导柱　6—顶板　7—顶杆固定板
8—顶杆　9—支承板　10—动模板　11—型腔镶块

### 6.3.3　滑块抽芯机构的装配

滑块抽芯机构是在模具开模后、制品被顶出之前，先行抽出侧向型芯的机构。装配时的主要工作是侧向型芯的装配和锁紧位置的装配。

**1. 侧向型芯的装配**

一般是在滑块和滑道、型腔和固定板装配后，再装配滑块上的侧向型芯。图 6-32 中的抽芯机构侧向型芯装配一般采用以下几种方式。

（1）根据型腔侧向孔的中心位置测量出尺寸 a 和尺寸 b，在滑块上划线，加工出型芯装配孔并保证型芯和型腔侧向孔的位置精度，最后装配型芯。

（2）以型腔侧向孔为基准，利用压印工具对滑块端面压印，如图 6-33 所示。然后，以压印为基准加工型芯配合孔，保证型芯和侧向孔的配合精度，再装入型芯。

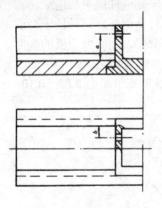

图 6-32　侧向型芯的装配

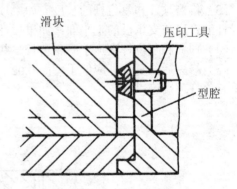

滑块

压印工具

型腔

图 6-33　滑块端面压印

（3）为达到非圆形侧向型芯和侧向孔的配合精度，可采用在滑块上先装配留有加工余量的型芯，然后，对型腔侧向孔进行压印并修磨型芯，以保证配合精度。在型腔侧向孔的硬度不高、可以修磨加工的情况下，也可在型腔侧向孔留修磨余量，以型芯对型腔侧向孔压印，修磨型腔侧向孔，以达到配合要求。

**2. 锁紧位置的装配**

在滑块型芯和型腔侧向孔修配密合后，便可确定锁紧块的位置。锁紧块的斜面和滑块的斜面必须均匀接触。由于锁紧块及滑块在加工和装配中存在误差，所以装配时需进行修磨。为了修磨的方便，一般对滑块的斜面进行修磨。

模具闭合后，为保证锁紧块和滑块之间有一定的锁紧力，一般要求锁紧块和滑块斜面接触时，在分模之间留有 0.2 mm 的间隙进行修配，如图 6-34 所示为滑块斜面修磨量。

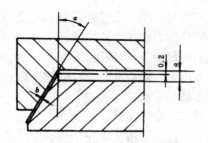

图 6-34 滑块斜面修磨量

### 3. 滑块的复位、定位

模具开模后，滑块在斜导柱作用下侧向抽出。为了保证合模时斜导柱能正确地进入滑块的斜导柱孔，必须对滑块设置复位、定位装置。图 6-35 为用定位板作滑块复位时的定位。滑块复位的准确位置，可以通过修磨定位板的接触平面进行调整。滑块复位用滚珠、弹簧定位时（见图 6-36），一般在装配时需在滑块上配钻滚珠定位锥窝，以达到准确定位的目的。

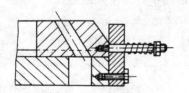

图 6-35 用定位板作滑块复位时的定位

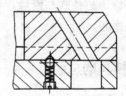

图 6-36 用滚珠作滑块复位时的定位

### 4. 斜导柱抽芯机构的装配

斜导柱抽芯机构如图 6-37 所示。装配技术要求如下。

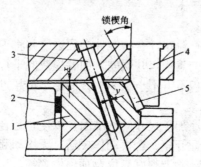

图 6-37 斜导柱抽芯机构

1—滑块　2—壁厚垫块　3—斜导柱　4—锁楔（压紧块）　5—垫片

（1）闭模后，滑块的上平面与定模平面必须留有 $x=0.2\sim0.8$ mm 的间隙。这个间隙在机床合模时被锁模力消除，转移到斜楔和滑块之间。

（2）闭模后，斜导柱外侧与滑块斜导柱孔留有 $y=0.2\sim0.5$mm 的间隙。在机床合模时锁模力将把滑块推向内方，如不留间隙会使斜导柱受侧向弯曲力。

斜导柱抽芯机构的装配步骤如下：

（1）型芯装入型芯固定板成为型芯组件。

（2）安装导块：按设计要求在固定板上调整滑块和导块的位置，待位置确定后，用夹板将其夹紧，钻导块安装孔和动模板上的螺孔，安装导块。

（3）安装定模板锁楔：保证锁楔斜面与斜滑块斜面有 70％以上的接触面（如侧芯不是整体的，在侧芯位置垫上相当于制件壁厚的铁片或铝片）。

（4）闭模，检查间隙 $x$ 值是否合格（通过修磨或更换滑块尾部垫片保证 $x$ 值）。

（5）镗导柱孔：将定模板、滑块和型芯组一起用夹板夹紧，在卧式镗床上镗斜导柱孔。

（6）松开模具，安装斜导柱。

（7）修整滑块上的导柱孔口为圆环状（即倒角）。

（8）调整导块，使其与滑块松紧合适。然后钻销孔，压入销钉。

（9）镶侧型芯。

### 6.3.4　塑料模具的总装

#### 1. 总装的装配程序

由于塑料模的结构比较复杂、种类较多，故在装配前要根据其结构特点拟定具体装配工艺。塑料模的装配顺序没有严格的要求，但有一个突出的特点是：零件的加工和装配常常是同步进行的，即经常边加工边装配，这是与冷冲模装配所不同的。

塑料模常规装配程序如下。

（1）确定装配基准。

（2）装配前要对零件进行测量，合格零件必须去磁并将零件擦拭干净。

（3）调整各零件组合后的累积尺寸误差，如各模块的平行度要校验修磨，以保证模板组装密合；分型面处吻合面积不得小于 80％，间隙不得超过溢料量极小值，以防止产生飞边。

（4）装配时要尽量保持原加工尺寸的基准面，以便总装合模调整时检查。

（5）组装导向系统，保证开模、合模动作灵活，无松动和卡滞现象。

（6）组装修整顶出系统，并调整好复位及顶出位置等。

（7）组装修整型芯、镶件，保证配合面间隙达到要求。

（8）组装冷却或加热系统，保证管路畅通，不漏水、不漏电、阀门动作灵活。

（9）紧固所有连接螺钉，装配定位销。

（10）试模。试模合格后打上模具标记，如模具编号、合模标记及组装基准面等。最后检查各种配件、附件及起重吊环等零件，以保证模具装备齐全。

**2. 总装的技术要求**

图 6-38 所示为壳体件塑料注射模装配图。该模具型芯用螺钉紧固在动模固定板上，并用销钉定位，脱模采用推杆卸料板（推板）脱模机构。

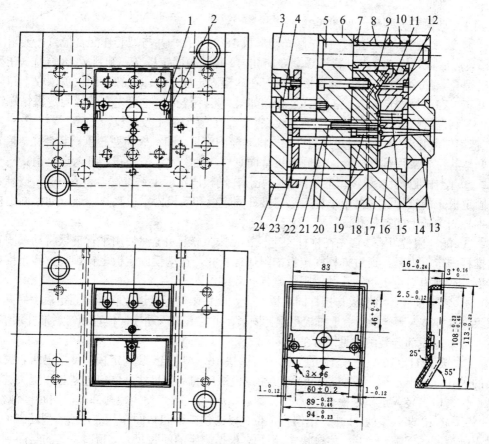

图 6-38　热塑性塑料注射模

1—嵌件螺杆　2—矩形推杆　3—模脚　4—限位螺钉　5—导柱　6—支撑板　7—销套　8、10—导套
9、12、15—型芯　11、16—镶块　13—浇口套　14—定模座板　17—定模　18—卸料板　19—拉杆
20、21—顶杆　22—复位杆　23—顶杆固定板　24—顶板

其装配要求如下：

（1）装配后模具安装平面的平行度误差不大于 0.05 mm。

（2）模具闭合后分型面应均匀密合。

（3）导柱、导套滑动灵活，推件时推杆和卸料板动作必须保持同步。

（4）合模后，动模部分和定模部分的型芯必须紧密接触。

在总装前，模具已完成导柱、导套等零件的装配，并检查合格。

3. 模具的总装

（1）动模部分装配（见图 6-39）。

① 装配型芯。装配前，首先修光卸料板 18 的型孔，并与型芯作配合检查，要求滑动灵活，然后将导柱 5 穿入卸料板导套 8 的孔内，将动模固定板 7 和卸料板 18 合拢。在型芯上的螺孔口部涂红粉后放入卸料板孔内，在动模固定板上复印出螺孔的位置，取下卸料板和型芯，在动模固定板上加工螺钉过孔。如果型芯不淬火，也可先在动模固定板钻螺钉过孔，并利用螺钉过孔在型芯上配钻螺纹底孔，然后在型芯上攻螺纹。

把销钉套压入型芯并装好拉料杆后，将动模固定板、卸料板和型芯重新装合在一起，调整好型芯位置，用螺钉固紧，在固定板背面划线、钻、铰定位销孔，打入定位销。

② 配作推杆孔。通过型芯上的推杆孔，在动模固定板上钻锥窝，卸下型芯，按锥窝钻出固定板上的推杆孔。再用平行夹头将推杆固定板和动模固定板夹紧，通过动模固定板配钻推杆固定板上的推杆孔。

③ 配作限位杆孔。首先在推杆固定板上钻限位螺杆孔，然后用平行夹板将动模固定板与推杆固定板夹紧，通过推杆固定板的限位螺杆孔，在动模固定板上钻锥窝，卸下推杆固定板，在动模固定板上钻孔并对限位螺杆孔攻螺纹。

④ 装配推杆。将推板与推杆固定板叠合，配钻限位螺钉过孔和推杆固定板上螺孔及攻螺纹，推杆装入固定板后盖上推板用螺钉固紧，并将其装入动模，检查和修磨推杆顶端面。

（2）定模部分装配（见图 6-39）。

① 镶块 11、16 与定模 17 的装配 将镶块 16、型芯 15 装入定模，测量出两者突出型面的尺寸。退出定模，按型芯 9 的高度和定模深度的实际尺寸，单独对型芯和镶块进行修磨，修磨后再装入定模，检查镶块 16、型芯 15 和型芯 9，使定模与卸料板同时接触。

将型芯 12 装入镶块 11 中，用销钉定位，以镶块外形和斜面作基准，预磨型芯斜面。测量出分型面的间隙尺寸后，将镶块 11 退出，根据测定的间隙尺寸，精磨型芯的斜面到要求尺寸，然后将镶块 11 装入定模，磨平定模的支承面。

② 定模和定模座板的装配。在定模和定模座板装配之前，浇口套和定模座板已组装合格，因此，可直接将定模与定模座板叠合，使浇口套上的浇道孔和定模上的浇道孔对正，用平行夹头夹紧，通过定模座板孔在定模上预钻螺纹底孔并配钻、铰销孔，然后将二者拆开，在定模上攻螺纹。螺孔加工好后再将定模和定模座板叠合，装入销钉后拧紧螺钉。

## 6.3.5 塑料模具的装模与试模

在模具装上注射机之前，应按设计图样对模具进行检验，以便及时发现问题，进行修理，减少不必要的重复安装和拆卸。试模前，必须对设备的油路、水路和电路进行检查，并按规定保养设备，做好开机准备。

试模应按下列顺序进行。

### 1. 装模

模具应尽可能整体安装。模具定位圈装入注射机上定模板的定位圈孔后，以极慢的速度合模，由动模板将模具轻轻压紧，然后装上压板。通过调节螺钉或垫块，将压板调整到与模具的安装基面基本平行后压紧，如图 6-39 所示。

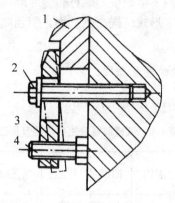

**图 6-39 用压板固定模具**

1—模具固定板 2—压紧螺钉 3—压板 4—调节螺钉

压板位置绝不允许出现像图中双点划线所示的情况。压板的数量应根据模具的大小进行选择，一般为 4~8 块。模具固紧后可慢慢启模，直到动模部分停止后退，此时应调节注射机的顶杆使模具上的固定板和动模支承板之间的距离不小于 5 mm，以防顶坏模具。

为了防止制件溢边，以保证型腔能适当排气，合模的松紧程度很重要，因此对注射机的液压柱塞——肘节机构要进行调节，目前主要是凭目测和经验进行，即合模时，肘节先快后慢，自然伸直时，合模的松紧程度合适。

装好模具后，接通冷却水管或加热线路并进行检验。

### 2. 试模

做好试模准备后，选用合格原料，根据推荐的工艺参数，将料筒和喷嘴加热并试调加热温度。判断料筒和喷嘴温度是否合适的最好办法是将喷嘴和主流道脱开，用较低的注射压力，让塑料自料筒缓慢流出，观察料流，如果料流光滑明亮，则说明温度比较合适，可以开机试模。

　　开始注射时，原则上是选择在低压、低温和较长的时间条件下成形。如果制件未充满，通常是先增加注射压力，在大幅度提高压力仍无效时，才考虑变动时间和温度。采用较长时间注射几次后若制件仍然未能充满，此时才提高料筒温度，料筒温度的上升以及它与塑料温度达到平衡需要一定的时间（一般为 15min 左右），所以要耐心等待，不能过快地将料筒温度升得太高，以免塑料过热发生降解。

　　注射成型时可选用高速和低速两种工艺。一般来说，塑件壁薄而面积大时，采用高速注射；塑件壁厚且面积小时，采用低速注射；在高速和低速都能充满型腔的情况下，除玻璃纤维增强塑料外，均宜采用低速注射。

　　对粘度高和热稳定性差的塑料，采用较慢的螺杆转速和略低的背压加料及预塑，面对粘度低和热稳定性好的塑料，则采用较快的螺杆转速和略高的背压加料及预塑。在喷嘴温度合适的情况下，采用喷嘴固定形式可提高生产率，但当喷嘴温度太低或太高时，需要在每次注射后向后移动喷嘴。

3. 试模过程中容易产生的缺陷及原因

试模过程中容易产生的缺陷及原因见表 6-8。

表 6-8　试模时易产生的缺陷及原因

| 缺　陷　＼　原　因 | 制件不足 | 溢边 | 凹痕 | 银丝 | 熔接痕 | 气泡 | 裂纹 | 翘曲变形 |
|---|---|---|---|---|---|---|---|---|
| 料筒温度太高 | | ✓ | ✓ | ✓ | | ✓ | | ✓ |
| 料筒温度太低 | ✓ | | | | ✓ | | ✓ | |
| 注射压力太高 | | ✓ | | | | | ✓ | ✓ |
| 注射压力太低 | ✓ | | ✓ | | ✓ | ✓ | | |
| 模具温度太高 | | | ✓ | | | | | ✓ |
| 模具温度太低 | ✓ | | ✓ | | ✓ | ✓ | ✓ | |
| 注射速度太慢 | ✓ | | | | | | | |
| 注射速度太长 | | | | ✓ | | | ✓ | |
| 注射时间太短 | ✓ | | | | ✓ | | | |
| 成形周期太长 | | ✓ | | ✓ | | | | |
| 加料太多 | | ✓ | | | | | | |
| 加料太少 | ✓ | | ✓ | | | | | |
| 原料含水分过多 | | | ✓ | | | | | |
| 分流道或浇口太小 | ✓ | | ✓ | | ✓ | | | |
| 模穴排气不好 | ✓ | | | | ✓ | ✓ | | |
| 制件太薄 | ✓ | | | | | | | |
| 制件太厚或变化大 | | | ✓ | | | ✓ | | ✓ |
| 注射机能力不足 | ✓ | | ✓ | ✓ | | | | |
| 注射机锁模力不足 | | ✓ | | | | | | |

在试模过程中，应作详细记录，将结果填入试模记录卡，注明模具是否合格。如果需要返修，应提出返修意见。在记录卡中应摘录成形工艺条件及操作要点，最好能附上注射成型的制件以供参考。

试模合格的模具，应清理干净，涂油防锈后入库。

# 6.4  压铸模具的装配与试模

## 6.4.1  压铸模装配技术要求

压铸模总装精度有如下几点技术要求。

（1）模具分型面对定、动模座板安装平面的平行度按表 6-9 的规定。

表 6-9  模具分型面对座板安装平面的平行度规定　　　　　单位：mm

| 被测面最大直线度 | ≤160 | >160～250 | >250～400 | >00～630 | >630～1000 | >1000～1600 |
|---|---|---|---|---|---|---|
| 公差值 | 0.06 | 0.08 | 0.10 | 0.12 | 0.16 | 0.20 |

（2）导柱、导套对定、动模座板安装平面的垂直度按表 6-10 的规定。

表 6-10  导柱、导套对定、动模座板安装平面的垂直度规定　　　　　单位：mm

| 导柱、导套有效导滑长度 | ≤40 | >40～63 | >63～100 | >100～160 | >160～250 |
|---|---|---|---|---|---|
| 公差值 | 0.015 | 0.020 | 0.025 | 0.030 | 0.040 |

（3）在分型面上，定模、动模镶件平面应分别与定模套板、动模套板齐平或允许略高，但高出量在 0.05～0.10 mm 范围内。

（4）推杆、复位杆应分别与型面齐平，推杆允许凸出型面，但不大于 0.1 mm，复位杆允许低于型面，但不大于 0.05mm 。推杆在推杆固定板中应能灵活转动，但轴向间隙不大于 0.10 mm。

（5）模具所有活动部位，应保证位置准确，动作可靠，不得有歪斜和卡滞现象。相对固定的零件之间不允许窜动。

（6）滑块在开模后应定位准确可靠。抽芯动作结束，所抽出的型芯端面，与铸件上相对应型位或孔的端面距离不应小于 2mm。滑动机构应导滑灵活、运动平稳、配合间隙适当。合模后滑块与楔紧块应压紧，接触面积不应小于 1/2，且具有一定的预紧力。

（7）浇道表面粗糙度 $Ra$ 不大于 0.4μm，转接处应光滑连接，镶挤处应密合，拔模斜度不小于 5°。

（8）合模时镶块分型面应紧密贴合，如局部有间隙，也应不大于 0.05 mm（排气槽除外）。

（9）冷却水道和温控油道应畅通，不应有渗漏现象，进口和出口处应有明显标记。

（10）型腔所有表面的表面粗糙度 $Ra$ 不大于 0.4μm，所有表面都不允许有击伤，擦伤和微裂纹。

### 6.4.2　压铸模装配方法

压铸模的装配精度应以保证模具的精度为前提，认真分析装配工艺，拟定好装配的工艺路线，采用试装、调整、再试装的办法来达到要求。

**1. 动模的装配**

在动模上一般要安装动模镶块、导柱或导套、分流锥、顶杆、滑块等，在安装时应注意以下几点：

（1）镶块和套板之间一般没有相对运动，加工时保持间隙配合，能较轻松地推入即可。

（2）导柱或导套与动模套板之间应采用过盈配合，一般过盈量控制在 0.01～0.02 mm。装配时采用压入的办法。

（3）滑块在动模上要有相对运动，一般应控制好间隙。应做到在金属填充型腔过程中，金属液不致窜入配合间隙，滑块受热膨胀后，不致使原有的配合间隙产生过盈导致动作失灵。

（4）顶杆、顶管等与镶块间为间隙配合，装配好后应运动灵活。且长度应控制好，一般可略高出 0.05～0.1mm。

**2. 定模的装配**

在定模上一般要安装定模镶块、浇口套、导柱或导套、斜导柱、楔紧块等，除有些与动模有相同的要求外，其余零件在安装时应注意以下几点。

（1）浇口套与定模套板间应采用间隙配合，以能较轻松地推入。

（2）导柱或导套与定模套板间应采用过盈配合，过盈量应控制在 0.01～0.02 mm 之间。

（3）楔紧块与滑块之间的接触面应留有一定的修正余量，装配时靠钳工来修正。

### 6.4.3　压铸模具的试模

试模是将制作好的压铸模安放到压铸机上，并试射所选金属，观察出模后的产品是否达到设计要求。根据试模结果，提出修正方案，最终使产品达到要求。

试模时应注意以下几点：

（1）合理调整压铸机，使锁模力达到要求。

（2）合理选取压射参数、压射量等，以能充满型腔为限。

（3）试模时模具一般不进行最终热处理，以利于修模，因此，不宜多试。

# 6.5　思考与练习

1．在生产中，应该用什么样的组织形式和方法来加工一套模具？

2．模具常用的装配工艺方法有哪些？各有何特点？

3．什么是装配尺寸链？其在模具的装配过程中有何作用？

4．装配尺寸链分为封闭环和组成环，这些环是怎样确定的？

5．常见冷冲模的装配顺序是怎样的？

6．冲裁模凸、凹模间隙的调整常用哪些方法？

7．模具成型零件的固定方法有哪些？各用于哪类模具？

8．调整凸凹模间隙的方法有哪些？各用于什么场合？

9．冲模的模架装配有哪些要求？用哪些方法进行装配？

10．与冷冲模相比，塑料注射模的装配有何特点？

11．注射模试模时常出现哪些问题？应如何调整修理。

12．在有斜滑块的装配模具中，对滑块的定位有哪些要求？

13．压铸模总装精度有什么技术要求？

14．压铸模装配中定模、动安装时应注意什么？

# 第7章 模具 CAD/CAM 简介

随着计算机技术和其他科学技术进步与发展，CAD/CAM 技术日趋完善，它的应用范围也不断扩大。模具 CAD/CAM 在 CAD/CAM 应用方面占有很重要的地位，它被公认为是现代模具技术的核心和重要的发展方向。本章通过模具 CAD/CAM 系统的工作过程、系统组成、及各种流行的模具 CAD/CAM 软件的介绍，使读者对模具 CAD/CAM 有个初步了解，为实际应用模具 CAD/CAM 系统打下基础。

## 7.1 概　　述

### 7.1.1 模具 CAD/CAM 基本概念

模具计算机辅助设计与制造（Computer Aided Die Designand Manufactuning），简称模具 CAD/CAM。它是一项利用计算机协助人完成产品的设计与制造的现代化技术。通过人机交互作用，生成、分析和处理各种数值及图形信息，辅助完成模具设计和制造过程中的各项活动。是传统设计和制造技术与现代化计算机技术的有机结合，它将传统设计与制造彼此相对分离的任务作为一个整体来规划和开发，实现信息处理的高度一体化。采用 CAD 设计数据直接产生数控加工程序和直接应用数控机床加工，从而大幅度地提高了模具设计与制造质量。这是模具生产中的重大技术革命，是模具生产走向全面自动化的根本措施，也是未来模具行业继续生存和发展的战略前提。

随着工业技术和科学技术的发展，产品对模具的要求越来越高，传统的模具设计与制造方法已不能适应工业产品快速更新换代和提高质量的要求，因此，发达国家从 20 世纪 50 年代末就开始了模具 CAD/CAM 技术的研究。如美国通用汽车公司早在 20 世纪 50 年代末期就将 CAD/CAM 技术应用于汽车覆盖件设计与制造；到 20 世纪 60 年代末，模具 CAD/CAM 技术已日趋成熟，并取得显著的应用效果；20 世纪 80 年代，模具 CAD/CAM 技术已广泛用于冷冲模具、塑料模具、挤压模模具、压铸模具的设计与制造。本章重点介绍 CAD/CAM 技术在模具行业中的应用。

## 7.1.2　模具 CAD/CAM 系统的工作过程及系统组成

### 1. 模具 CAD/CAM 系统的工作过程

模具 CAD/CAM 系统是设计、制造过程中的信息处理系统，它需要对产品设计、制造全过程的信息进行处理，包括设计、制造中的数值计算、设计分析、三维造型、工程绘图、工程数据库的管理、工艺分析、NC 自动编程、加工仿真等各个方面。模具 CAD/CAM 系统充分利用了计算机高效准确的计算功能、图形处理功能以及复杂工程数据的存储、传递、加工功能，在运行过程中，结合人的经验、知识及创造性，形成一个人机交互、各尽所长、紧密配合的系统。CAD/CAM 系统输入的是设计要求，输出的是制造加工信息。

### 2. 模具 CAD/CAM 系统的组成

一般认为模具 CAD/CAM 系统是由硬件、软件和人组成。CAD/CAM 系统功能不仅与硬件和软件功能有关，而且与它们的匹配和组织有关。在建立 CAD/CAM 系统时，首先应根据生产任务的需要，选定最合适的功能软件，然后再根据软件系统选择与之相匹配的硬件系统。

图 7-1 为模具 CAD/CAM 系统的分层体系结构。硬件由计算机及外围设备组成，如计算机、绘图仪、打印机、网络通信设备等，它是模具 CAD/CAM 系统的物质基础；软件是指计算机程序及相关文档，它是信息处理的载体，是模具 CAD/CAM 系统的核心，包括系统软件、支撑软件和应用软件等。模具 CAD/CAM 软件在系统中占据越来越重要的地位，软件配置的档次和水平决定了 CAD/CAM 系统性能的优劣，软件的成本已远远超过了硬件设备。软件的发展呼吁更新更快的计算机系统，而计算机硬件的更新为开发更好的 CAD/CAM 软件系统创造了物质条件。

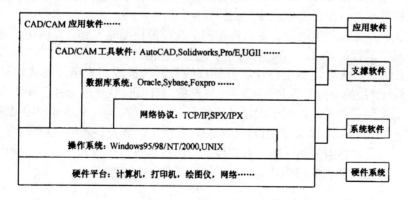

图 7-1　模具 CAD/CAM 系统的体系结构

人在模具 CAD/CAM 系统中起着关键的作用，从前面所述模具 CAD/CAM 系统的工作过程可以看出设计人员所起的重要的作用。目前 CAD/CAM 系统基本都采用人机交互的工作方式，通过人机对话完成 CAD/CAM 的各种作业过程。 CAD/CAM 系统这种工作方式要求人与计算机密切合作，各自发挥自身的特长。计算机在信息的存储与检索、分析与计算、图形与文字处理等方面有着特有的功能，而设计策略、逻辑控制、信息组织以及经验和创造性方面，人将占有主导地位，尤其在目前阶段，人还起着不可替代的作用。

### 7.1.3　模具 CAD/CAM 系统的硬件及软件

#### 1. 模具 CAD/CAM 系统的硬件

（1）计算机主机。主机是整个模具 CAD/CAM 系统的中枢，执行运算和逻辑分析任务，并控制和指挥系统的所有活动。这些活动包括内存和外存之间的信息交换，终端设备的管理和在绘图机上的输出图样等。主机由运算器、内部存储器和控制器组成。运算器和控制器合称为中央处理器（CPU）。主机的输入/输出和接口用于实现计算机与外界之间的通信联系。

（2）外部存储器。模具 CAD/CAM 系统使用外部存储器的目的在于扩大存储能力，弥补内存的不足。外部存储器可用于存储程序、图形文件、NC 代码和其他软件。常用的外存储器有磁盘、磁带和光盘等向种类型。磁盘具有即时存取的特点。光盘一般作为磁盘的后备品，用于保存永久性的档案文件。

（3）输入、输出设备。

① 输入设备。模具 CAD/CAM 系统使用的输入设备主要包括：键盘、鼠标（图形板）、激光扫描仪等。

图形板是一个与显示器分离的平板，用触笔或鼠标在上面书写或绘图时，屏幕上显示的光标反映了触笔或鼠标在图形板上的坐标位置，即可将该点的坐标输入到计算机或选择该位置的功能菜单。目前图形板逐步被扫描仪取代。

激光扫描仪是通过光电阅读装置直接把图形或图像扫描输入到计算机中，然后通过计算机处理，最终运行到 CAD/CAM 系统可接受的文件格式。

② 输出设备。输出设备是将计算机处理的数据转换成用户所需形式的设备。模具 CAD/CAM 系统使用的输出设备主要包括：绘图设备、打印机、快速成形机及网络通信设备等。

绘图设备主要是绘图仪，用于大型图形绘制，是一种高速、高精度的图形输出装置。

快速成型机是利用计算机辅助设计（CAD）、激光、数控、新型材料等先进技术，无须任何刀具、夹具，在很短的时间内直接控制造出三维复杂形状的产品或实物样品。

网络通信设备一般包括网络适配器、传输介质和调制解调器等。

#### 2. 模具 CAD/CAM 系统的软件

模具 CAD/CAM 系统除必要的硬件设备外，还必须配备相应的软件。如果没有软件的支持，硬件设备便不能发挥作用。模具 CAD/CAM 系统的软件多种多样，其作用各不相同。一般来说，可分为系统软件、支撑软件和应用软件三个层面。

（1）系统软件。系统软件主要用于计算机的管理、维护、控制及运行以及计算机程序的翻译、装入及运行。主要包括操作系统、汇编系统、编译系统和诊断系统等。

操作系统是用户和计算机之间的接口，使用户能够有效地使用计算机。操作系统全面管理计算机资源，合理地组织计算机的工作流程。操作系统是每一计算机系统都有的系统软件，如 DOS、UNIX、Linx、Windows 等。

（2）支撑软件。模具 CAD/CAM 系统的支撑软件主要包括图形处理软件、几何造型软件、有限元分析软件、数据库管理软件、优化设计软件、检测与质量控制软件等。

图形处理包括对图形的定义、图形的生成、表示、变换、修改等一系列操作。图形处理软件是计算机与图形输入装置的中间连接者，其功能是实现图形与数据之间的转换。虽然是一种通用的基础软件，但是可以在此基础上可进行第二次开发，研制适合于各专业的应用软件。

数据库管理软件在模具 CAD/CAM 系统中，几乎所有的应用软件都离不开数据库。它给系统提供了数据资源共享，保证数据安全及减少数据冗余等功能。提高模具 CAD/CAM 系统的集成程度主要取决于数据库的水平。

（3）应用软件。应用软件是在系统软件、支撑软件基础上，针对某一专门应用领城而研制的软件，是用于特定目的的软件。例如模具设计软件、数据程序库软件等。这类软件通常需要用户结合自己设计的任务自行研制开发。能否充分发挥已有的模具 CAD/CAM 系统的效益，应用软件的技术开发工作是非常关键的。

# 7.2 模具 CAD/CAM 常用软件

CAD 的含义已由单指计算机绘图发展到计算机辅助设计从二维绘图为主要目标到三维立体成型，各种软件层出不穷，尤其是应用 PC 的模具 CAD/CAM 软件，价廉物美，易学易用，深受广大模具工厂用户欢迎。

## 7.2.1 各种流行的模具 CAD/CAM 软件

目前模具 CAD/CAM 中常用的可供选用的商品化基本应用软件种类繁多，这里仅简单介绍一些近年来应用较为广泛、功能较全的著名软件。

### 1. UG 软件

UG 是 Unigraphics 的简称，它起源于美国麦道飞机公司，以 CAD/CAM 一体化而著称，可以支持不同的硬件平台。它是从二维绘图、数控加工编程、曲面造型等功能发展起来的软件。主要包括绘图模块、线框、实体、曲面造型模块、装配与零件设计模块、机构设计模块、有限元前后置处理模块、注塑流动分析模块、二次开发工具模块、数据交换与传输模块、数控加工模块等。该软件已广泛应用于机械、模具、汽车及航空领域，它常应用于注塑模、钣金成形模及冲模的设计和制造上。

### 2. Pro/E 软件

Pro/E 软件全称 Pro/Engineer，是美国参数技术公司（Parametric Technology Gorporation）开发的一个以特征为基础的参数化的 CAD/CAM/CAE 软件产品。该软件的主要部分全部用 C++语言编写，做到了真正统一的数据库。参数化、基于特征、单一数据库、全相关为其主要特点。目前 Pro/E 共有 48 个模块，是从设计到分析和制造自动化程度很高的软件，并具有并行处理能力，适用于产品、模具设计等领域。

### 3. Cimatron it 软件

Cimatron it 软件是以色列 Cimatron 公司的代表产品，集绘图、设计、加工、分析于同一系统，具有唯一的数据库。提供了比较灵活的用户界面，优良的三维造型、工程绘图，全面的数控加工，能完成从产品设计到制造、数据管理、逆向工程和工业设计等任务，功能强大。它采用先进的混合建模技术，实现了线框、曲面和实体造型的统一，杰出的数控加工，全面控制加工过程，涵盖了两轴半到五轴的铣床功能，以及钻孔、车床、冲床和线切割。适用于汽车、航空航天、模具、机械电子等行业。

### 4. SolidWorks

SolidWorks 是生信国际有限公司推出的基于 Windows 的机械设计软件。生信公司是一家专业化的信息高速技术服务公司，在信息和技术方面一直保持与国际 CAD/CAE/CAM/PDM 市场同步。该公司提倡的"基于 Windows 的 CAD/CAE/CAM/PDM 桌面集成系统"是以 Windows 为平台，以 SolidWorks 为核心的各种应用的集成，包括结构分析、运动分析、工程数据管理和数控加工等，为中国企业提供了梦寐以求的解决方案。

SolidWorks 是基于 Windows 平台的全参数化特征造型软件，它可以十分方便地实现复杂的三维零件实体造型、复杂装配和生成工程图。图形界面友好，用户上手快。该软件可以应用于以规则几何形体为主的机械产品设计及生产准备工作中，其价位适中。

### 5. I-DEAS 软件

I-DEAS（Integrated Engineering Analysis System）软件是美国 SDRC 公司开发的。I-DEAS 软件是一种综合性的机械设计自动化软件系统，它集成了设计、绘图、工程分析、塑料成型过程模拟、数控编程及测试等功能。I-DEAS 在 CAD/CAE 一体化技术方面一直雄居世界榜首，软件内含诸如结构分析、热力分析、优化设计、耐久性分析等真正提高产品性能的高级分析功能。

### 6. CADDS 软件

由美国 CV（Computervision）公司研制的大型软件。CADDS 软件在模具 CAD/CAM 工作中有相当影响。CADDS 软件功能强大，包括三维绘图、三维建模、曲面和实体造型、线架的修剪和过渡、曲面的拼接与延伸、消隐和阴影处理以及有限元分析、动态模拟和多坐标自动编程等功能，它能满足图形数据库、非图形数据库和网络软件等各方面要求，国外许多著名模具厂均曾使用该软件。

### 7. Moldflow 软件

Moldflow 公司是一家专业从事塑料计算机辅助工程分析（CAE）的软件和咨询公司。Moldflow 软件可以模拟整个注塑过程以及这一过程对注塑成型产品的影响。Moldflow 软件工具中融合了一整套设计原理，可以评价和优化整个过程，可以在模具制造之前对塑料产品的设计、生产和质量进行优化。Moldflow 公司是塑料分析软件的创造者，自 1976 年发行世界第一套流动分析软件以来，一直主导塑料 CAE 软件的市场。

### 8. 华正 CAXA 系列软件

由北京华正模具研究所开发，主要包括以下几种。

（1）CAXA 制造工程师（CAXA-ME）是一套中文三维 CAD/CAM 软件，强大的造型功能可快速建立各种复杂的三维模型，具有灵活多样的加工方式，可以自动生成加工刀具轨迹，通过后置处理可生成针对各种数控系统的三维数控加工代码。反读代码功能可将已有加工代码反读回计算机进行仿真、检查和修改编辑。

（2）CAXA 注射工艺设计（CAXA-IPD）是北京华正模具研究所和美国 ACTechnology 公司合作开发的面向注塑行业的中文辅助分析软件，采用国际 CAE 技术的最新成果。通过科学的分析方法，简单的操作，不仅可以预测注射工艺过程，确定优化的注射工艺参数，还可整合塑料制品设计、注射工艺设计，注射模具设计之间的关系，达到优化设计的目的，大幅度降低塑料制品生产成本。

（3）CAXA 注射模具设计（CAXA-IMD）是一套中文注射模专业 CAD 软件，该软件提供注射模标准模架和零件库，以及塑料、模具材料和注射机等的设计参数数据库，可随时查询检索；并能自动换算型腔尺寸，对模具进行各种计算。使用该软件，设计人员不必翻找设计手册即可轻松设计模具。

## 7.2.2　冲压模具及塑料注射模具 CAD/CAM 系统

目前使用的各种模具中以金属冲压及塑料注射模具居多，这两类模具大约占到 90%，所以模具 CAD 系统的研发和推广都围绕这两类模具展开。

### 1. 冲压模具 CAD/CAM

根据冷冲压模具的分类，弯曲模及大部分冲裁模可以归属到二维 CAD 范畴；轴对称类型的拉深模、挤压模、翻边模等可归属到二维半 CAD 范畴；其他模具均可归入三维 CAD 范畴。二维半是指其加工零件的变形是空间三维形式，但该变形可以用径向和轴向两个参数进行数学描述。二维半可以简化成二维 CAD 进行处理。二维 CAD 和三维 CAD 存在较大的差异。

（1）系统结构。冲压模 CAD/CAM 系统开发与应用较早已经比较成熟。通常冲裁模 CAD/CAM 系统可用于简单模、复合模和连续模的设计制造。将产品零件图输入计算机系统后，系统可完成工艺分析计算和模具结构设计，绘制模具零件图和装配图，编制数控机床不同类型的结构指令。

图 7-2 所示为典型的冲裁模 CAD/CAM 系统的结构框图。由图中我们可以看出：系统各功能模块在系统总控模块的集中管理下工作，功能模块可以是一个单一处理程序，也可能由若干完成某项子功能的子模块构成，子模块又由主程序和若干个子程序组成。

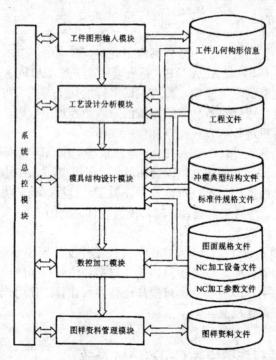

图 7-2　冲裁模 CAD/CAM 系统的结构框图

（2）系统的流程及功能。冲裁模 CAD/CAM 系统的工作流程如图 7-3 所示。

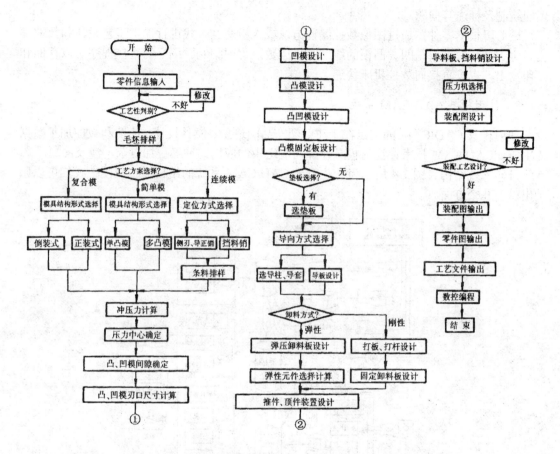

**图 7-3　冲裁模 CAD/CAM 系统的工作流程图**

　　零件信息输入部分主要功能是将冲裁零件的形状和尺寸等输入计算机，并以一定的数据结构保存以供后续模块调用。该部分可与后续模块整体构成，也可相互分离而单独使用。输入方法可用编码法、面素拼合法和交互作图法等方法。

　　工艺性判别部分的主要功能是检查冲裁件的工艺性，若不适合则提示修改。

　　毛坯排样部分是以材料利用率最高为目标进行排样优化设计的。

　　工艺方案选择是通过工艺方案的交互选择或利用专家系统来确定采用简单模、连续模或复合模等模具结构形式。

　　根据工艺方案选择所确定的模具结构型式，分别进行简单模、连续模和复合模的模具结构与零件的设计及选择。其中凹、凸模结构可采用整体式或镶拼式。

　　根据设计选择确定模具各部分零件结构及尺寸，最后给出模具的零件图和装配图。在设计过程中，需要考虑图形的存储及调用或转换、数据传递、计算分析程序的调用、工作图的绘制及标注等问题。

　　最后可根据零件图通过图像数控编程方法或人机交互方式进行加工工艺设计和数控编程。对于冲裁模主要是凹、凸模的线切割机床数控程序编制。编好的数控程序可以存储和打印输出，也可直接向数控机床传递。

　　2. 注射模具 CAD/CAM 系统

　　注射模具 CAD/CAM 的重点在于注射塑产品的造型、模具设计、绘图和数控加工数据的生成。CAD/CAM 技术在注射模具设计与制造中的应用比冲模更加复杂，涉及面更广。

　　（1）系统结构。图 7-4 所示为一注射模 CAD/CAM 系统的结构图。从图中我们可以归纳出以下几个方面。

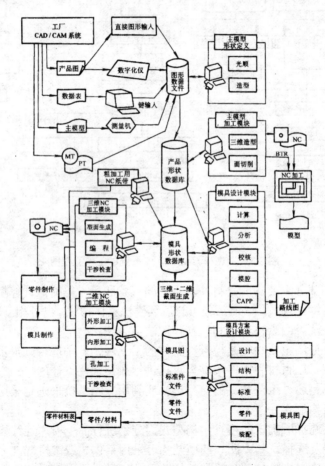

图 7-4　注射模具 CAD/CAM 系统结构图

① 利用几何造型技术完成塑料制品的几何构型及模具成型零件的几何设计；

② 完成注射工艺分析及计算，辅助完成注射成型工艺设计；

③ 建立标准模具零件和典型模架结构的图形库，提高模具设计效率；

④ 建立模具参数及标准数据库，提高设计效率和通用性；

⑤ 利用有限元和优化设计方法手段进行数值分析和计算工作；

⑥ 辅助完成模具加工工艺设计、数控机械加工、装配等工作，借助"虚拟制造"发现模具设计和制造中的问题，完善设计结果。

（2）系统功能。注射模 CAD/CAM 系统一般包括以下基本功能。

① 塑件的设计。在注射模 CAD/CAM 系统中，首先要对塑件的几何图形进行描述，建立塑件的计算机形状模型。这种形状模型有三个作用：一是提供注射工艺性，以便修改塑件的某些结构；二是以人机交互方式由形状模型生成注射模成型零件的型腔和型芯形状；三是为注射工艺分析提供信息，对分析结果作出图形化处理。目前一些先进的注射模 CAD/CAM 系统都是把塑件的设计、模具的设计、塑件的成型分析和模具的数控编程联为一体。塑料制件的设计主要内容包括塑件的形状、尺寸、精度、表面粗糙度、壁厚、斜度以及塑件上加强肋、支承面、孔、圆角、螺纹、嵌件等的设置及美术造形设计。进行这些设计时，除考虑制件的使用要求外，应尽可能做到简化模具结构，符合塑料成型工艺特点，例如塑件形状应有利于充模流动、排气补缩，能适应高效冷却硬化，减少各向收缩率差异等。

② 注射模流道系统设计。利用注射模 CAD/CAM 系统进行流道系统设计，主要用于一模多腔和多浇口单腔模的交互设计，以解决诸如均衡填充、熔接痕的位置、节省流道废料等问题。在流道系统 CAD 中包括两部分工作：一是流道送料结构设计，目的是使熔料在同一时刻到达每个型腔浇口的入口处；二是流道限制结构设计，用以重新分配每个流动路径的体积流动率，使各型腔能同时被熔料充满，或者使多浇口型腔内熔料的熔接痕处于理想位置。通常，将流道 CAD 分成初始流道设计和热效应修正两步进行。在初始流道设计时，把流道分成若干段，每段用相同截面积的圆管来代替，假定注射体积流量为常数进行流道设计；初始流道设计完成后，通过注射流动模拟程序，视流道—浇口—型腔为一体，对初始浇口位置及流道的设计尺寸进行热效应修正。

③ 注射成型流动过程。模拟流动过程的模拟是将模具型腔视为很薄的空腔，建立型腔内熔融塑料流动的数学模型，从而进行型腔的流动分析。为了使分析的结果直观起见，将熔融塑料依次填充的过程，以前沿流线的方式显示在计算机屏幕上。根据分析所得信息，如熔料前锋位置；在选定时间步长或选定位置节点上的压力、温度、剪切速率和剪切应力的分布；填充过程中熔料前锋区域和速率的变化等，对设计进行修改，可以提高一次试模成功率，提高劳动生产率。

④ 冷却过程模拟分析。在冷却分析模块中，通过人机交互的设计方式安排冷却通道。运行分析程序后，能在计算机屏幕上显示模具截面及熔融塑料内代表不同温度的等温线，并能获得冷却液循环时间、最短冷却时间等信息，据此对冷却系统进行适当修改，可达到使塑

件快速、均衡冷却的目的，避免过热点，减少残余应力，防止翘曲变形，减少循环时间。

⑤ 模具结构及零件设计。在注射模 CAD/CAM 系统中，模具结构及零件设计主要包括模具典型组合的选择、调用各种标准系列模架和模具零件、根据塑件几何模型设计成型零件（型腔和型芯）、绘制模具装配图和零件图等。

⑥ 模具零件的强度和刚度校核。注射模具是在相当高的压力和温度下工作的，模具零件必须具有足够的强度和刚度，以保证注射模的工作可靠性及塑件的质量。目前常采用有限元法对模具零件或整体进行变形分析计算。

⑦ 成型零件的数控加工编程。注射模成型零件的型腔和型芯形状是随不同塑件而变化的，一般都要采用数控加工和特种加工。因此，注射模 CAD/CAM 系统要能对这类零件进行数控加工程序自动编制，有些甚至能实现刀具轨迹的计算、刀具管理和加工过程动态模拟仿真。

# 7.3　模具 CAE

长期以来成形工艺和模具的设计及工艺过程分析主要的依据是积累的实践经验、行业标准和传统理论。20 多年来，随着计算机技术和数值仿真技术的发展，出现了计算机辅助工程分析（Computer Aided Engineering，简称 CAE）这一新兴的技术，该技术在成形加工和模具行业中的应用即模具 CAE。模具 CAE 是广义模具 CAD/CAM 中的一个主要内容，现已在生产实践中体现越来越重要的作用，也得到越来越广泛的应用。

## 7.3.1　模具 CAE 的一般功能

目前，模具 CAE 的主要内容还仅仅是利用 CAD 生成的模型进行成形工艺过程的数值模拟，以获得成形工件内不同时刻任意位置的应力应变等多种场量的分布情况，以及潜在的问题等其他相关信息，并通过分析研究这些信息，以达到以下几个方面的主要目的：

（1）对工件的可加工性能作出早期的判断，预先发现成形中可能产生的质量缺陷，并模拟各种工艺方案，以减少模具调试次数和时间，缩短模具开发时间。

（2）对模具进行强度、刚度校核，择优选取模具材料，预测模具的破坏方式和模具的寿命，提高模具的可靠性，降低模具成本。

（3）通过仿真进行优化设计，以获得最佳的工艺方案和工艺参数，增强工艺的稳定性，降低材料消耗，提高生产效率和产品的质量。

（4）查找工件质量缺陷或问题产生的原因，以寻求合理的解决方案。

成形工艺过程数值模拟是模具 CAE 中的基础，目前所采用的数值模拟方法主要有两种：有限元法和有限差分法。一般在空间上采用有限元方法，而当涉及到时间时，则运用有限差分法。

## 7.3.2　通用有限元软件

有限元法自 1960 年提出后，由于其强大的功能，获得了迅速的发展。但有限元法的应用离不开计算机和有限元应用软件。因此，随着有限元法理论的发展和完善，国内外先后开发出了 MSC.NASTRAN、ANSYS、ASKA、ADINA、SAP 等诸多大型通用有限元软件，ABQUS、LS-DYNA、MSC.MARC 等非线形分析有限元软件，及其他各种功能的有限元应用软件。这些软件一般都具有结构静动力分析、大变形和稳定分析、各种非线形以及热分析、流体分析和多物理场耦合分析等功能，有比较成熟、齐全的单元库，并提供二次开发的接口。

### 1.　有限元软件 MSC.NASTRAN

NASTRAN 有限元分析系统是由美国国家宇航局（NASA）在 20 世纪 60 年代中期委托 MSC 公司和贝尔航空系统公司开发，发展至今已有多个版本，其系统规模大、功能强。在 20 世纪 70 年代初期，MSC 公司对原始的 NASTRAN 进行改进和完善后推出了MSC.NASTRAN。

作为世界最流行的大型通用结构有限元分析软件之一，MSC.NASTRAN 的分析功能覆盖了绝大多数工程应用领域，并为用户提供了方便的模块化功能选项。主要分析功能模块有：基本分析模块（含静力、模态、屈曲、热应力、流固耦合及数据库管理等）、动力学分析模块、热传导分析模块、非线性分析模块、设计灵敏度分析及优化模块、超单元分析模块、气动弹性分析模块、DMAP 用户开发工具模块及高级对称分析模块。

### 2.　有限元软件 ANSYS

ANSYS 软件是由世界上最大的有限元分析软件公司之一的美国 ANSYS 开发的，是集结构、流体、电场、磁场、声场分析于一体的大型通用有限元分析软件。

主要分析功能模块有 ANSYS 的前处理模块，它提供了一个强大的实体建模及网格划分工具，用户可以方便地构造有限元模型；分析计算模块包括结构分析（可进行线性分析、非线性分析和高度非线性分析）流体动力学分析、电磁场分析、声场分析、压电分析以及物理场的耦合分析，可模拟多种物理介质的相互作用，具有灵敏度分析及优化分析能力，除以上分析功能之外，ANSYS 具有非常强大的热分析、电磁场分析、流体动力学分析、声场分析、压电分析等分析功能，所有 ANSYS 的分析类型均以经典工程概念为基础，使用当前成熟的数值求解技术。ANSYS 提供了两个直接求解器，5 个迭代求解器和一个显示求解器，能顺利求解各种矩阵方程；ANSYS 软件的后处理模块可将计算结果以彩色等值线显示、梯度显示、矢量显示、粒子流迹显示、立体切片显示、透明及半透明显示（可看到结构内部）等图形方式显示出来，也可将计算结果以图表、曲线形式显示或输出。

　　ANSYS 软件是第一个通过 ISO 9001 质量认证的大型分析设计类软件。该软件有多种不同版本，可以运行在个人机到大型机的多种计算机设备上，如 PC、SQI、HP、SUN、DEC、IBM、CRAY 等。

# 7.4　思考与练习

1. 何谓模具 CAD/CAM？其特点有哪些？
2. 简述模具 CAD/CAM 技术在模具设计制造中的应用。
3. 冲模 CAD/CAM 系统由哪几部分组成？

# 第8章　现代模具制造技术简介

现代化的模具要实现数字化设计、数字化制造、数字化管理、数字化生产流程，没有模具的数字化，就没有现代模具。现代模具制造能够利用计算机辅助技术和数控加工技术有效地对整个设计制造过程进行预测评估，迅速获得样品，降低模具成本。同时，对技术环境提出新的组织管理思想，如并行工程、精益生产、敏捷制造等。本章简要介绍了现代模具加工方法模具快速成型加工、逆向工程制造，介绍了先进制造管理模式的并行工程内容。

## 8.1　现代先进制造技术

现代先进制造技术尽管业界至今还没有进行严格的定义，但在国际上已经形成广泛的共识，认为先进制造技术（Advanced Manufacturing Technology，AMT）是"传统制造技术不断吸收计算机、信息、自动化、材料及现代管理技术等方面的最新成果，并将其综合应用于产品开发与设计、制造、检测、管理、销售、使用、服务乃至回收的制造全过程，实现优质、高效、低耗、清洁、敏捷生产，并取得具有市场竞争能力的社会、经济、技术等综合效果的前沿制造技术的总称"。其本质是信息、制造工艺、物流技术和现代管理技术的集合。一般认为先进制造技术由现代设计技术、先进制造工艺技术、综合自动化技术、现代系统管理技术四部分构成，但它又是动态的、变化的。

### 8.1.1　现代模具制造技术的特点

传统模具制造和现代模具制造相比较体现出如下一些主要特点。

（1）传统制模的质量依赖于人为因素，再现能力差，整体水平不易控制；现代制模的质量依赖于物化因素，再现能力强，整体水平容易控制。

（2）传统制模采用串行方式进行，易造成设计与制造脱节，重复劳动多，加工周期长；现代制模则采用并行方式进行，设计和制造基于共同的数学模型，可以在模具总体工艺方案指导通过公共数据库并行通信，相互协调，共享信息，重复劳动少，加工周期短。

（3）传统制模只能通过试模来完成对模具质量的评价，返修多，成本高；现代制模则通过计算机数据模拟和仿真技术来完善模具结构，返修少，成本低。

## 8.1.2　先进制造技术的特征

（1）实用性。先进制造技术最重要的特点在于它首先是一项面向工业应用、具有很强实用性的新技术。从其发展过程、应用范围特别是所达到的目标和效果看，无不反映这是一项应用于制造业，并对制造业乃至国民经济的发展起着重大作用的实用技术。先进制造技术不是以追求技术的高新度为目的，而是注重产生最好的实践效果，以提高效益为中心，以提高企业的竞争力、促进国民经济增长、增强综合国力为目标的。

（2）综合性。先进制造技术不是某一项具体的技术，而是一项综合的系统技术，是制造技术与基础科学、经济管理、人文科学和工程技术先进成果、理论、方法有机结合产生的适应未来制造的技术，是多学科的交叉集成。

（3）先进性。先进制造技术不是一成不变的，而是一个建立在不断汲取其他相关领域高新技术成果基础上的动态的、发展的技术，是制造技术的最新发展。它并不摒弃传统技术，而是不断地用科学技术的新成果、新手段去研究它、改造它和充实它。

（4）创新性。创新是先进制造技术的灵魂，并贯穿于产品生命周期全过程，包括产品创新、生产工艺过程创新、生产手段创新、管理创新、组织创新及市场创新等。

（5）系统性。先进制造技术讲究综合性、全过程、全生命周期的综合优化，它涉及到产品从市场调研、产品设计、工艺设计、加工制造、销售、使用、服务乃至产品回收等产品全生命周期的所有内容，并将它们有机结合成一个整体。

（6）敏捷性。先进制造技术受顾客/市场需求驱动，以人为本，以信息为支柱，以效益（包括经济效益、社会效益和生态环境效益）为目的，强调人、技术和管理的有机结合，从而快速响应动态多变的国际市场，在激烈的国际市场竞争中赢得优势。

（7）可持续性。先进制造技术是绿色制造，特别强调资源与环境保护，既要求其产品是"绿色产品"，即对资源的消耗最少，对环境的污染最小甚至为零，对人体的危害最小甚至为零，报废后便于回收利用，发生事故的可能性为零，所占空间最小等；又要求产品的生产过程是环保型的可持续发展的。

## 8.1.3　模具先进技术的应用

**1.　信息技术在现代模具制造中的应用**

信息技术在现代模具制造中的应用是广泛的，主要包括以下几方面。

（1）CAD技术。用于产品和过程建模，为模具设计、工艺分析和制造提供有效的模型。

（2）CAE技术。主要是针对不同类型的模具，以相应的理论为基础，利用数值模拟方法达到预测产品成形过程的目的，以便于改善模具的设计方案。

（3）CAPP 技术。为模具计算机辅助设计制造过程提供合理的工艺选择和优化方案，这部分工作是目前世界范围的研究热点。

（4）CAM 技术。为数控加工提供符合一定工艺规程和指令格式的有效的 NC 程序。

（5）仿真技术。一方面是数值模拟结果的可视化，直观显示在一定工艺参数条件下的成形结果；另一方面是 NC 程序的动态仿真，以减少实际加工过程的失误。

（6）虚拟现实技术。营造一个拟实环境，强调人的介入与操作，可用于培训、实现集成了人的因素的设计与制造环境。

（7）网络通信技术。计算机标准化、模块化的发展趋势是技术集成的必要条件，是实施网络通信技术的前提。计算机网络通信技术根据一定的网络协议和安全措施，通过局域网（LAN）实现系统内部通信，通过广域网（WAN）达到异地同步通信，实现了制造过程中的所有信息交换，从而打破了技术交流的时空限制，可望及时地组织企业内部和企业间最佳地技术力量来解决问题。

（8）多媒体技术，采用多种介质来储存、表达、处理信息，融文字、语音、图像、动画于一体，这也是协同设计的基础。

（9）智能化技术，应用人工智能技术，通过建立数据库、知识库及各种知识推理机制实现模具生命周期各个环节的智能化。

### 2. 自动化技术在现代模具制造中的应用

自动化技术在模具制造中的应用集中在数控加工技术上，它们为现代模具制造提供了新的工艺方法和加工途径，使得计算机的设计过程有可能最终转化为现实。它是现代模具制造技术体现出实际意义的强有力的物质基础。按其能量转换形式不同可分为以下几种。

（1）数控机械加工技术。模具制造中常常用到的如数控车削技术、数控铣削技术、超高速切削技术等，这些技术一般都是直接利用机械能来完成加工的。

（2）数控电加工技术。如数控电火花加工技术、数控线切割技术等，它们是利用电能来完成加工的。

（3）数控特种加工技术。泛指新兴的、应用还不太广的各种数控加工技术，通常利用光能、声能、超声波等来完成加工，如快速成型制造技术（RP 技术）等。

### 3. 现代系统管理技术在现代模具制造中的应用

现代系统管理技术在模具制造中的应用更多地体现为一种观念的转变，其中包括以下3点。

（1）集成化思想。这是现代系统管理的核心思想，信息集成实现了物与物之间的集成，功能集成实现了企业要素（即人、技术、管理和资源等）之间的集成，过程集成实现了企业内部组织（如产品开发过程、企业运营过程等）之间的集成，全局集成则实现了企业之间的集成。

（2）并行化思想。通过并行作业，可以有效地实现组织的扁平化，在模具设计时即考虑可制造性、可装配性，考虑模具的质量功能分配，则可以减少反复，缩短开发时间。

（3）协同设计思想与团队精神。在集成化、网络化的并行环境中进行模具开发，要使得每一个环节都能按部就班地运作，必须恪守的原则是"协同设计思想与团队精神是工作成败的关键"。

# 8.2　模具快速成型加工

快速成型加工（Rapid Prototyping Manufacturing，RP）又称快速原型制造，是 20 世纪80 年代国外发展起来的一种新技术，是一种用材料逐层或逐点堆积出制件的制造方法。快速成型加工综合了机械工程、CAD、数控技术、激光技术及材料科学技术，它可以自动、快速、直接，精确地将设计思想转变为具有一定结构和功能的原型或直接制造零部件，从而可以对产品设计进行快速评估、修改及功能实验，缩短产品的研制周期，被誉为制造业中的一次革命。

## 8.2.1　快速成型加工的基本原理

快速成型制造是在计算机控制下，基于离散/堆积原理采用不同方法堆积材料最终完成零件的成型与制造的技术。离散过程是数字化过程，先进行模型设计，再对模型数据进行处理，按高度方向离散化，即用一系列平行于 X-Y 坐标面的平面载取三维实体模型，获取各层的几何信息，用各层的层面几何信息来控制成型设备。堆积过程是实体化过程，即把二维实体逐层累积为三维实体。通过离散获得堆积的顺序、限制和方式，只有获得准确的层面几何数据，才能完成整个堆积工作。因此，离散是堆积的基础。

快速成型加工的基本原理是用 CAD 三维造型软件设计产品的三维曲面模型，或用实体反求方法采集得到有关原型或零件的几何形状、结构和材料的组合信息，从而获得目标原型的概念，并以此建立数字化模型，即零件的电子"模型"，根据具体工艺要求，将其按一定厚度合层切片，根据切片处理得到的截面轮廓信息，通过计算机控制激光束固化一层层的液态光敏树脂，或利用某种热源选择地喷射粘接剂或热熔材料，形成各个不同截面，每层截面轮廓成型之后，快速成型系统将下一层材料送至已成型的轮廓面上，然后进行新一层截面轮廓的成型，逐步叠加成三维产品，再经过必要的处理，使其外观、强度和性能等方面达到设计要求。其技术原理如图 8-1 所示。

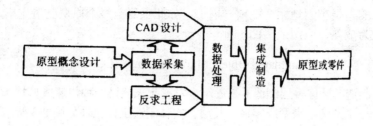

图 8-1　快速成型制造技术原理

## 8.2.2　快速成型加工的方法

目前快速成型技术有很多种，常见的典型技术有：立体印刷成型 SLA、层合实体制造 LDM、选区激光烧结 SLS 和熔融沉积制造 FDM 等。

1. 立体印刷成型（Stereo Lithography Apparatus，SLA）

立体印刷成型（又称光固化立体成型）其成型设备及工作原理如图 8-2 所示。它是利用固化快速成型的加工方法，以盛于容器内的液态光敏树脂为原料，在计算机控制下，采用一定波长的紫外激光按照参数指令，以预定原型各分层截面的轮廓为轨迹逐点扫描，使被扫描区的树脂薄层在激光能量的作用下产生光聚合反应后固化，从而形成一个二维薄层截面。

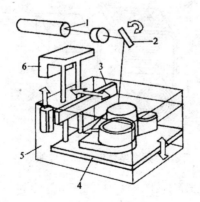

图 8-2　立体印刷成形设备及工作原理

1—激光源　2—扫描系统　3—刮刀　4—工作台　5—液槽　6—升降工作台

当第一层固化后，工作台下降相当于切片厚度的高度，在刚固化的树脂表面迅速覆盖一层新的液态树脂，激光束再按照新一层平面形状数据所给定的轨迹，扫描并进行第二层固化。新固化的一层牢固地粘合在前一层上，如此重复至整个原型制造完毕。它是快速原型制造技术最为成熟、应用最多的一种。

2. 层合实体制造（Laminated Object Manufacturing，LOM）

层合实体制造（又称叠层制造）是近年来发展起来的又一种快速成型技术，它通过对原料纸进行层合与激光切割来型成零件，其层合实体制造工作原理如图 8-3 所示。它是将单面涂有热熔胶的胶纸带通过加热压辊加热加压，与先前已型成的实体黏结（层合）在一起，此时，位于其上方的激光器按照分层 CAD 模型所获得的数据，将一层纸切割成所制零件的内外轮廓。轮廓以外不需要的区域，则用激光切割成小方块（废料），这些小方块在成型过程中可以起支撑和固定作用。该层切割完后，工作台下降一个纸厚的高度，然后新的一层纸再平铺在刚成型的面上，通过热压装置将它与下面已切割层黏合在一起，激光束再次进行切割。经过多次循环工作，最后型成由许多小废料块包围的三维原型零件。然后取出原型，将多余的废料块剔除，就可以获得三维产品。胶纸片的厚度一般为 0.07～0.15 mm。由于层合实体制造工艺无需激光扫描整个模型截面，只要切出内外轮廓即可，因此，制模的时间取决于零件的尺寸和复杂程度，成型速度比较快，制成模型后用聚氨脂喷涂即可使用。

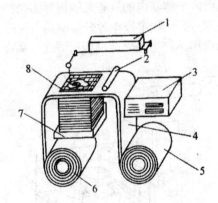

图 8-3　层合实体制造的工作原理

1—激光器　2—热压辊　3—控制计算机　4—料带
5—供料轴　6—收料轴　7—升降　8—加工平面

3. 选区激光烧结（Selected Laser Sintering，SLS）

选区激光烧结（又称选择性激光烧结）由二维数控的激光器、工作台和上料装置三部分组成。其原理如图 8-4 所示。

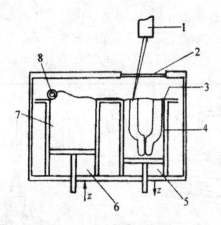

**图 8-4　选区激光烧结的工作原理**

1—激光器　2—激光窗　3—加工平面　4—生成的零件
5—成形活塞　6—供粉活塞　7—原料粉末　8—铺粉滚筒

它以粉末状的塑料、蜡、陶瓷、金属粉末或其他复合材料为原料。工作台和上料装置为两个平台，一个供装粉末原料，由温度控制单元优化的辊子铺平材料以保证粉末的流动性；另一个用于激光烧结成型。工作开始时，铺料滚筒将粉末原料均匀地推铺在烧结成型的工作台上，用红外线板将粉末材料加热至恰好低于烧结点的某一温度，激光束在计算机数控系统的控制下，透过激光窗口，以一定的速度和能量密度在选定区域（即工作截面）进行扫描烧结，经过激光扫描过的区域被烧结成型，未经扫描过的则依然是原先的粉末状原料，可回收粉再利用。扫描烧结完一层后，工作台下降一个层厚的高度，供料台上升一个层高，又开始铺新料。这样逐层铺料烧结，最后得到所需的三维工件实体。全部烧结后去掉多余的粉末，再进行打磨、烘干等处理，便获得原型或零件。

采用立体印刷成型时必须设计和制作专门的支撑结构，而选区激光烧结成型时，围绕制件的粉末就构成支撑，所以无需专门的支撑结构，不但简化了设计和制作过程，而且不会由于需要去除支撑结构而影响制件表面的品质。

选区激光烧结技术常用原料是塑料、蜡、陶瓷、金属，以及它们的复合物的粉体。用蜡可做精密铸造蜡模，用热塑性材料可做消失模，用陶瓷可做铸型型壳、型芯和陶瓷件，用金属可做金属件。目前，大多数选区激光烧结技术研究集中在生产金属零件上。

### 4. 熔丝堆积成型（Fused Deposition Modeling，FDM）

熔丝堆积成型（又称熔融沉积制造）是一种不依靠激光作为成型能源，而将各种丝材加热熔化的成型方法，其熔丝堆积成型工作原理如图 8-5 所示。它是将加热喷头在计算机的控制下，根据产品零件的截面轮廓信息做 X-Y 平面运动，热塑性丝材由供丝机构送至喷头，并在喷头中被加热至略高于其熔点，呈半流动状态，从喷头中挤压出来，很快凝固后形成一层薄片轮廓。一层截面成型完成后，工作台下降一层高度，再进行下一层的熔覆，一层叠一层，最后形成整体。每层厚度范围在 0.025～0.762 mm。

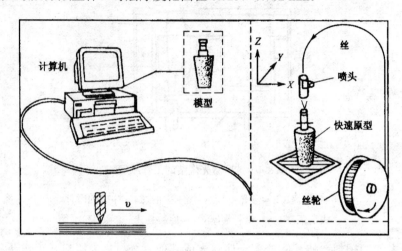

图 8-5　熔丝堆积成形工作原理

熔丝堆积成型工艺可快速制造瓶状或中空零件，工艺相对简单，费用较低；但精度较低，难以制造复杂的零件，且与截面垂直的方向强度小。

这种方法适合于产品概念建模及功能测试。熔丝堆积成型所用材料为聚碳酸醋、铸造蜡材和 ABS，可实现塑料零件无注塑模成型制造。

## 8.2.3　典型快速成型加工方法的比较与选用

快速成型技术具有以下优点：

（1）技术集成度高，整个生产过程数字化；

（2）制造成本与产品的复杂程度无关；

（3）产品的单价几乎与批量无关；

（4）绿色的加工技术。

以累加思想实现零件制作的快速成型技术是制造技术领域的一项重大突破，其理论、工艺的完善以及精度的提高等，对快速成型技术的普及和应用有着极其重要的影响。成型加工过程中，必须保证一定的制作精度和表面质量，影响制件精度的因素是多方面的。对成型加工精度的影响因素及改进措施的研究，对快速成型技术的发展和普及应用具有重要的意义。快速成型加工的方法很多，每种加工方法都有各自的特点，也存在不足之处。表8-1 列出了几种典型快速成型加工方法的比较与选用。

表 8-1　典型快速成型加工方法的比较

| 成型工艺 | 立体印刷成型 | 层合实体制造 | 选区激光烧结 | 熔融沉积制造 |
|---|---|---|---|---|
| 成型速度 | 较快 | 快 | 较慢 | 较慢 |
| 原型精度 | 较高 | 低 | 较低 | 较低 |
| 使用材料 | 热固性光敏树脂 | 纸、金属箔带、塑料膜 | 石蜡、塑料、金属、陶瓷等粉末 | 石蜡、塑料、低熔点金属 |
| 材料利用率 | 约 100% | 较差 | 约 100% | 约 100% |
| 材料价格 | 较贵 | 较便宜 | 较贵 | 较贵 |
| 设备费用 | 较贵 | 较便宜 | 较贵 | 较便宜 |
| 生产效率 | 高 | 高 | 一般 | 较低 |
| 制造过程复杂程度 | 中等 | 简单或中等 | 复杂 | 中等 |
| 支撑结构 | 需要支撑结构 | 支撑结构自动地包含在层面制造中 | 不需要支撑结构 | 需要支撑结构 |
| 优点 | 技术成熟，应用广泛，能量低 | 内应力低，扭曲小。同一物体中可包含多种材料和颜色 | 选用材料的机械性能比较好，材料价格便宜，无气味 | 材料成本低，材料利用率高，能量低，物体中可包含多种材料和颜色 |
| 缺点 | 工艺复杂材料种类有限，原料价格昂贵，激光器寿命低 | 能量高，对内部孔腔的支撑物需要清理，废料剥离困难 | 能量高，表面粗糙，成型原型疏松多孔，对某些材料需要单悲哀独处理 | 表面粗糙选用材料仅限于低熔点材料 |

## 8.2.4　快速成型在模具制造中的应用

　　随着全球经济一体化的形成，制造业竞争十分激烈，如何缩短生产周期，降低成本就成了制造业追求的目标，因此必须提高产品开发的速度和制造技术应用的灵活性。以快速原型方法为依托的快速模具制造技术（RAPID TOOLING，RT）就是适应这种市场需求，能快捷、方便地制作工具和模具的一种新型技术。以快速成型技术为基础的快速制模技术，是 20 世纪 80 年代后期发展起来的新兴技术，是传统的制模方法与快速成型技术相结合的产物。与传统技术相比，快速制模技术从产品的开发设计到原型件模型的制作，直到产品模具的制造、产品的生产都显示出了无比的优越性。从古代的手工制作到后来的 CAD 画图，再到现在的 RT，它的发展也就型成了一个综合的制造系统。其应用途径为用快速成型加工技术直接制作模具，用 LOM 系统制作的制件经表面处理，其强度比一般木材还要高，可直接用作铸造木模；用 SLS 等方法则可直接制造熔模铸造用的蜡模。

　　利用快速成型加工技术生产模具有两种方法，即直接法和间接法。

### 1. 直接法

　　采用 LOM 方法直接生成的模具，可以经受 200℃ 的高温，可以作为低熔点合金的模具或蜡模的成型模具，还可以代替砂型铸造用的木模。直接法生产模具还处于初步研究阶段。

## 2. 间接法

（1）制作简易模具。如果零件的批量小或用于产品的试生产，则可以用非钢铁材料生产成本相对较低的简易模具。这类模具一般用快速成型加工技术制作零件原型，然后根据该原型翻制成硅橡胶模、金属、树脂模或石膏模，或对零件原型进行表面处理，用金属喷镀法或物理蒸发沉积法镀上一层熔点较低的合金来制作模具。

（2）制作钢质模具。

陶瓷型精密铸造法。在单件生产或小批量生产钢模时，可采用此法。其工艺过程为：

① 快速成型加工原型做母模；

② 浸挂陶瓷砂浆；

③ 在熔烧炉中固化模壳；

④ 烧去母模；

⑤ 预热模壳；

⑥ 烧铸钢型腔；

⑦ 抛光；

⑧ 加入浇注、冷却系统；

⑨ 制成注塑模。

失蜡精密铸造法。在批量生产金属模具时，先利用原型制成蜡模的成型模，然后利用该成型模生产蜡模，再用失蜡精铸工艺制成钢模具。在单件生产复杂模具时，也可以直接用快速成型加工原型代替蜡模。

# 8.3　逆向工程制造

逆向工程（Reverse Engineering，RE），也称为反求工程、反向工程。它是指在没有产品原始图样、文档或 CAD 模型数据的情况下，通过对已有实物的工程分析和测量，根据现有的产品或模型，通过数字化测量设备取得产品或模型的云状数据，再利用云状数据通过曲面重构获得产品或模型的数据模型，得到重新制造产品所需的几何模型、物理和材料特性数据，从而复制出已有产品的过程，而为创新设计提供基础。即"实物→设计→产品"的开发过程。

目前，对逆向工程还没有一个统一的定义。普遍认可的一种观点是：逆向工程根据现有的模型或参考零件，用测量设备获取零件表面上各点的三维坐标值，再应用所测数据建立产品的 CAD 模型，完成产品的概念设计。也就是指由实际的零件反求出其设计的概念和数据的过程。逆向工程广泛应用于飞机、汽车、医疗设备、工艺品、玩具等模具设计中。

　　根据逆向工程中所研究对象不同，逆向工程分为实物逆向、影像逆向和软件逆向等。就实物逆向而言，又包括形状（几何）逆向、功能逆向、材料逆向、工艺逆向等。本节重点介绍面向产品模型的实物逆向。

## 8.3.1　实物逆向工程研究内容

　　实物逆向工程一般包括数据采集（产品数字化）、数据预处理、曲面重构和建立产品模型等几个阶段。其基本步骤和关键技术，一是快速准确地测出实物零件或模型的三维轮廓坐标数据；二是根据三维轮廓数据重构曲面，并建立完整、正确的 CAD 模型。

　　（1）数据采集（产品数字化）。数据采集是指通过特定的测量设备和测量方法获取零件表面离散的几何坐标数据。目前，数据采集使用的方法很多，常用的有接触式测量法，非接触式测量法及工业计算机断层扫描测量等方式。

　　接触式测量方法通常采用三坐标测量机或机器人手臂的探头，接触被测物体的表面，以获取零件表面上点的三维坐标值。接触式测量法具有测量精度、准确性及可靠性高，适应性强，不受工件表面颜色及曲率的影响等优点。但测量速度慢，无法测量表面松软的实物及接触头易磨损，需要经常校正探头直径。

　　非接触式测量方法根据测量原理不同，有光学测量法、超声波测量法、电磁测量法等，其中技术较成熟的是光学测量法，如激光扫描法。激光扫描法由于数据采集时探头不接触零件表面，因此可以测量表面松软、薄易变形的实物。激光扫描测量速度快、测得点的数据量大，可以充分表示零件的表面信息。

　　断层扫描测量是一种新兴的测量技术，可同时对零件的表面和内部结构进行精确测量，不受测量体复杂程度的限制。与其他方法相比，所获得的数据密集、完整，测量结果包括了零件的拓扑结构。曲型的断层扫描测量方法有超声法（US），工业计算机断层扫描成像 ICT 磁共振成像（MRI）和层析法等。

　　在实物逆向工程中，数据采集阶段的技术要点是实物边界的确定和表面形状的数字化，其中难点是边界的确定。目前工程上也常采用人工测量边界或人机交互方式来定义实物的边界。

　　（2）数据预处理。通过测量设备对零件进行测量，所得的点数据一般比较多，尤其是应用激光扫描测量设备所得的数据有时多达几兆甚至几十兆（通常把用激光扫描法所测得的大量的点形象地称为点云），在对这么多的点数据进行曲面重构前，应对数据采集所得到的大量数据进行预处理。数据预处理一般包括数据平滑、数据清理、补齐遗失点、数据分割、数据对齐和零件对称基准的构建等。

　　（3）曲面重构。根据曲面的数字信息，恢复曲面原始的几何模型称为曲面重构。曲面重构是建立 CAD 模型的基础和关键。根据重构方法的不同，曲面重构分为基于点-样条的曲面重构法和基于测量点的曲面重构法。

将测量数据重构为曲面的优点是不但可以清除由于测量带来的误差，使曲面较为平滑，而且可以用少量的控制顶点代替大量的点云数据，以节省存储空间，从而提高运算速度。

（4）建立产品模型。通过曲面拟合所建立的表面模型中，常常会存在间隙、重叠等缺陷，因而不能满足实体模型对几何实体的拓扑要求。为了建立实体模型，需对拟合生成曲面进行必要的处理编辑。

在建立产品模型的过程中，特别要注意特征技术的应用。特征不仅包括含产品或零件的几何信息，而且包括非几何的功能信息、工艺信息及其他工程语义，因此在建立产品模型时，一个重要目标就是还原这些特征以及它们之间的约束，如果仅还原几何特征而未还原它们之间的几何约束所得到的产品模型是不准确的。

## 8.3.2　逆向工程的应用

逆向工程的应用范围非常广泛，归纳起来主要有以下几方面。

（1）产品仿制。在没有拟制品原始的设计图档，而只有样品或实物模型的情况下，在对零件原型进行测量的基础上形成零件的设计图样或 CAD 模型。它改变了传统模拟型形状复制，无法建立工件尺寸图档的方法。

（2）新产品的设计。有些难以直接用计算机进行三维几何设计的物体（如复杂的艺术造型、产品外形等）设计师们可以用黏土、木材或泡沫塑料进行初始外形设计制造出样件，再通过逆向工程技术将实物模型转化为三维 CAD 模型。

（3）旧产品改进（改型）。由于工艺、美观、使用效果等方面的原因，人们经常需要对已有的产品进行局部修改。在原始设计没有三维 CAD 模型的情况下，应用逆向工程技术建立 CAD 模型，再对 CAD 模型进行修改，这将大大缩短产品改型周期，提高生产效率。目前，我国在设计制造方面与发达国家还有一定的差距，利用逆向工程技术可以充分吸收国外先进的设计制造成果，使我国的产品设计立于更高的起点，同时加速某些产品的国产化速度，在这方面逆向工程技术均起到不可替代的作用。

## 8.3.3　逆向工程技术的发展趋势

逆向工程技术发展至今，在数据处理、曲面拟合、规则特征识别、专用软件开发等方面已取得了明显的进步。但在实际应用中，整个过程的自动化程度并不高，许多工作仍需由人工完成，技术人员的经验对最终产品的质量仍有较大影响。为了解决这些问题，需要在以下几个方面进行深入的研究。

（1）数据测量。开发面向逆向工程的专用测量系统，能根据实物的几何外形和后续应用选择测量方式和测量路径，最终高速高效地实现产品外形的数字化。

（2）数据处理。研究适应不同的测量方法及后续用途的离散采集点的数据处理技术。

（3）拟合曲面应能控制曲面的光顺性和光滑拼接。

（4）有效的特征识别和考虑约束的模型重建，复杂曲面的识别和重建方法。

（5）集成技术。开发基于集成的逆向工程技术，包括测量技术、基于特征和集成的模型重建技术、基于网络的协同设计和数字化制造技术等。

### 8.3.4 后处理及逆向工程技术在模具制造中的应用

曲线、曲面拟合是逆向工程的另一个核心技术，即用测量的数据重构曲面模型，从而实现对零件的分析和加工。将测量数据重构为曲面的优点是不但可以消除由于测量带来的误差，使曲面较为平滑，而且可以用少量的控制顶点代替大量的点云数据，以节省存储空间，从而提高运算速度。目前，处理大量的点云数据是先做曲线的拟合，然后做曲面的重构。

有多种逆向工程技术可在模具制造中应用，其中基于数控仿型的逆向工程应用系统在模具制造，尤其是大型模具（如汽车模具）制造应用中具有明显的优越性。

逆向工程一般用于仿制过程。传统机械的仿制技术，一般是采用靠模铣床，在仿制工程中只能作等比例的复制。采用数控仿型铣床后，虽然可以进行不同比例缩放，但是无法进行设计的改变。

## 8.4　模具制造并行工程

并行工程（Concurrent Engineering，CE）是一种企业组织、管理和运行的先进设计、制造模式；是对产品设计及相关过程（包括制造和支持过程）进行并行、一体化设计的一种系统化的工作模式，也是采用多学科团队和并行过程的集成化产品开发模式。它把传统的制造技术与计算机技术、系统工程技术和自动化技术相结合，在产品开发的早期阶段全面考虑产品生命周期中的各种因素，力争使产品开发能够一次获得成功。从而缩短产品开发期，提高产品质量、降低产品成本。加快产品投入市场的时间。

### 8.4.1 并行工程的运行模式

并行工程打破了传统从事产品研制开发的串行工程。所谓串行工程，是在前一个工作环节完成之后才开始一个工作环节的工作，各个工作环节的作业在时序上没有重叠和反馈，即使有反馈，也是事后的反馈。并行工程采用并行的方式，在产品设计阶段就集中产品研制周期中的各有关工程技术人员，同步地设计或考虑整个产品生命周期中的所有因素，对产品设计、工艺设计、装配设计、检验方式、售后服务方案等进行统筹考虑，协同进行。经系统的仿真和评估，对设计对象进行反复修改和完善，力争后续的制造过程一次成功。这样，设计阶段完成后一般能保证后面阶段如制造、装配、检验、销售和维护等活动顺利进行，但也要不断地进行信息反馈。特殊情况下，也需要对设计方案甚至产品模型进行修改。

串、并行工程时序的比较如图8-6所示，并行工程的运行模式如图8-7所示。

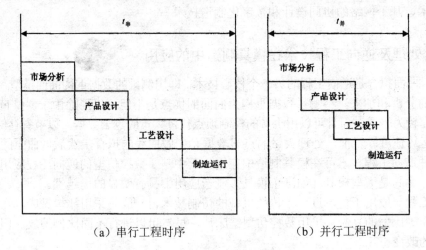

（a）串行工程时序　　　　　　　（b）并行工程时序

图8-6　串、并行工程时序的比较

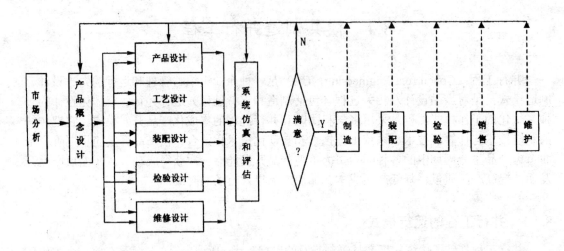

图8-7　并行工程的运行模式

在上述并行工程运行模式下，每个设计者可以像在 CAD 工作站上一样进行自己的设计工作。借助于适当的通信工具，在公共数据库、知识库的支持下，设计者之间可以相互进行通信，根据目标要求既可随时应其他设计人员要求修改自己的设计，也可以要求其他设计人员响应自己的要求。通过协调机制，群体设计小组的多种设计工作可以并行协调地进行。在这个过程中 CIMS（计算机集成制造系统）成为基本手段，以全企业的优化运行为目标，将进行工程应用于 CIMS 的环境，以 CIMS 的信息集成为基础，在 CAD/CAPP/CAM 的 3C 的集成框架下引入并行工程的理论和方法，将会使 CIMS 进一步完善，能够更好地解决 CIMS 中产品串行开发过程中的问题。

## 8.4.2　并行工程的核心内容

并行工程是企业按一定步骤实施制造系统自动化的指导性策略。并行工程主要包含 4 个方面的核心内容。

（1）产品开发队伍重构。将传统的部门制或专业组变成以产品为主线的多功能集成产品开发团队。它被赋予相应的职责权利，对所开发的产品对象负责。

（2）过程重构。从传统的串行产品开发流程转变成集成的、并行的产品开发过程。并行过程不仅是活动的并发，更主要的是下游过程在产品开发早期参与设计过程；另一个方面则是过程的改进，使信息流动与共享的效率更高。

（3）数字化产品定义。包括两个方面，数字化产品模型和产品生命周期数据管理；数字化工具定义和信息集成。CIMS 作为制造系统为并行工程的应用提供了理想的集成环境。

（4）协同工作环境。用于支持开发团队协同工作的网络与计算机平台。使 CAD/CAE/CAM 集成化过程的加工送给制造设备和制造过程。

针对并行工程的核心内容，并行工程包含了组织结构变革、新的用户需求策略、必要的支撑环境，产品开发过程改进等四个关键要素。

## 8.4.3　模具制造并行工程的实施

### 1. 模具制造并行工程的组织结构

实施模具制造并行工程，要求在设计的早期阶段就充分考虑后续环节各相关因素的影响。为此，首先要建立由各部门人员共同组成的模具开发多功能工作小组。模具生产经营过程可大致分为合同签订、模具设计（包括工艺设计和数控编程）、材料供应、模具加工、试模修模和成本核算等过程。这些过程并不是独立的，它们之间存在着复杂的相互依赖和相互制约的关系。如果不考虑这些约束关系，就会造成大量的设计返工，不仅浪费人力、物力资源，而且使模具生产周期延长，成本居高不下，质量难以控制，从而使企业失去信誉和竞争力。因此，必须组建包括模具销售、模具设计、工艺设计、数控编程、模具加工、模具装配、试模修模及质量检查等专门人员和用户代表等方面在内的模具开发并行工程工作小组协同工作，从而尽可能集中群众智慧，获取最优设计方案，减少设计返工，提高设计质量。

在承接模具开发任务时，并行工程开发模式强调工作小组各个成员时刻明白自己的职责和任务，协同工作，共同对特定的模具开发任务负责。同时借助 CAX，DFX 等并行设计支持工具，使在设计，甚至报价的早期阶段就能充分考虑、分析、评估模具制造全过程的所有影响因素，并采用并行工程方法和技术实施信息发布、设计评审和进行设计冲突检测与消解。

从组织结构看，模具制造并行工程的实施难点在于工作小组的协同工作。众所周知模具行业比起其他行业，标准化、规范化是比较欠缺的。模具行业从设计到制造到调试的从业人员大多数是按照自己的经验进行工作，这意味着许多工作的开展有很大的随意性由于缺乏相关的标准化技术文件，开展协同工作的难度较大，有时甚至很难执行下去。当然，随着时间的推移，工作小组成员会有足够的素质修养，能够很好地融合协作，但是，对行业的高新技术应用规范进行整理、标准化无疑是最关键也是最应该首先考虑去做的事。

## 2. 模具制造并行工程的系统框架

实施模具制造并行工程需要有相应的支持环境。其基本思想是：以产品数据管理系统为集成平台，在数据库管理系统、知识库管理系统和计算机网络系统的支持下，利用计算机辅助技术等工具和各种相关的模具设计与制造知识，采用基于特征的集成产品信息模型，实现模具开发各相关环节内部及环节之间的信息共享，建立并行工程支持环境，协同工作，从而减少设计反复，最终达到缩短模具开发周期、降低模具成本、提高模具质量的目的。如图 8-8 所示是模具制造并行工程系统的基本框架。

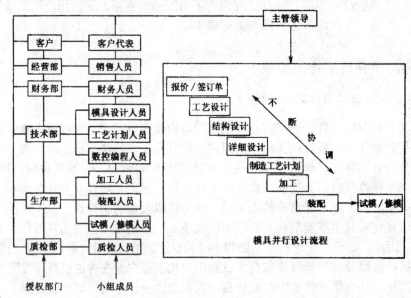

图 8-8　模具制造并行工程框架

3. 并行工程的关键技术

并行工程的实施方法与技术包括信息建模与过程建模、结构化分析方法、仿真技术、集成 CAD/CAE/CAM、面向制造的设计、面向装配的设计、生命周期工程、质量功能配置（Quality Function Deployment，QFD）和集成框架技术等。CIMS 作为制造系统为并行工程的应用提供了理想的集成环境，并行工程作为 CIMS 的一种补充，从而能更好地解决 CIMS 产品串行开发过程的问题。

（1）结构化分析和设计方法。结构化分析和设计的一个优点是用图的形式表示出不同系统和部门之间的信息流动，它和层次方法相结合，使复杂的系统和过程变得简单明白。管理信息系统成功地运用了结构化分析和设计来进行生产操作细节中的信息和数据的设计。同样，结构化分析和设计也可用来描述复杂的市场、销售、制造和质量系统，帮助新产品的开发推广到制造业和市场。结构化分析和设计方法是为软件开发而提出的。详细论述可参考有关软件工程方面的书籍。

（2）CAX 技术。CAX 是 CAD，CAE，CAPP，CAM 等计算机辅助技术的简称。CAX 用以辅助开发和评估产品及其工艺设计方案。在并行工程环境下 CAX 工具之间的交互是动态的、随机的，如在产品设计过程中的任一时刻，CAD 都可以要求后续系统对当前的设计做出评价，以改善当前设计。CAX 之间的这种交互比传统的 CAX 系统要频繁、复杂得多，而且其中信息的交流要求是双向的。此外，在产品设计阶段，不可能包括全部的详细信息，因此，并行工程中的 CAX 系统还要能从那些不完整的信息中确定设计的可行性，即具有一定的模糊逻辑推理能力。

（3）DFX 技术。并行工程要求在设计过程中尽早考虑后续过程中（如制造、装配、测试等）对设计施加的约束，使设计结果便于后续过程的实施，以期一次成功或减少由于产品开发后期发现错误而导致的返工，这类技术称为 DFX（Design For X）技术，它是设计面向制造（DFM）、设计面向装配（DFA）、设计面向测试（DFT）、设计面向成本（DFC）、设计面向质量（DFQ）等技术的统称。

（4）过程建模与仿真技术。在产品开发过程中，各项任务可能组成串行、定序、并行、并发等复杂过程，同时，并行工程要求及时了解产品生命周期中各个过程的反映，如制造性、负担性等。因此，必须建立各种相关模型，如产品模型、装配模型、成本模型、资源模型以及各种过程模型，借以产生生产过程的结构化分析和数据流向图，剔除多余的操作和简化过程，并运用仿真技术对产品性能及相关过程进行仿真分析，给出评价结果和改进意见。这些技术包括计算机图形技术、数值模拟技术、多媒体技术、虚拟现实技术、快速原型技术等。

（5）产品数据管理技术。信息共享是企业过程自动化的基础，也是并行工程的基础。产品数据管理（Product Data Management，PDM）的目标是，并行工程中的共享数据与过程进行统一的规范管理，保证全局数据的一致性、安全性，并提供统一的数据库操作界面，使多功能小组在统一的界面下工作，而不必关心应用程序在什么平台上以及数据的物理位置。也就是说，使异构环境下的信息做到物理上分散，逻辑上集成，用户可以透明调用。

（6）综合协调技术。并行工程中的多功能工作小组在不同地区的异构计算机环境下协同工作。由于环境的不同及看待问题的侧重点不同，它们之间可能存在不一致，甚至冲突，因此系统必须具有协调功能，从而保证并行工作目标的实现。在并行工作中常用项目协调板的方法，它是群组工作的一种技术支持，具有约束管理、跟踪设计过程、管理工作流、冲突检测与仲裁等功能。

（7）集成框架技术。为了实现信息集成、过程集成以及人/经营/技术的企业集成，需要有一种集成框架技术。一个开放式的集成框架将使工具和任务的集成变得更为简单。一般而言，集成框架应具有面向对象的开放式软件平台，应用封装与调用、过程模型、网络上分析处理各类实体、产品数据管理功能等。

# 8.5　思考与练习

1．简述传统模具制造和现代模具制造有哪些主要特点？
2．试述快速成型加工的基本原理。
3．快速成型加工有哪些方法？
4．逆向工程技术与传统的复制方法相比有哪些不同？
5．并行工程的核心内容是什么？

# 第 9 章　模具材料及热处理

在模具设计制造过程中，正确选用材料，并施以适当的热处理，对于充分发挥材料的潜在性能，提高模具的质量和使用寿命都具有重大作用。模具材料的工艺性能将要影响模具加工的难易程度、模具加工件质量和生产成本。本章通过介绍模具材料的性能、特点，了解常用模具钢的用途。为了改善模具材料的性能，提高模具寿命，简述了模具材料的普通热处理、表面热处理、新的热处理工艺方法。

## 9.1　模具材料及性能

模具成型加工方法不同，其模具类型也不同，于是模具零件的工作条件有所差异，对模具材料的要求于是也有所不同。模具材料及性能，不仅关系到模具的使用寿命，而且也直接影响到模具的制造成本，因此是模具设计中的一项重要工作。

### 9.1.1　模具材料

随着近年来模具工业的发展，使用的材料种类增多了，模具材料也不断更新。根据工作条件的不同，模具材料又可分为金属在常温（冷态）下成形的材料称为冷作模具钢及在加热状态下成形的材料称为热作模具钢及其他模具材料等几大类。

模具材料的选用要综合考虑模具的工作条件、性能要求、材质、形状和结构特点。选择模具材料应遵循如下原则。

（1）根据模具种类及其工作条件，选用的材料要满足使用要求，应具有较高的强度、硬度、耐磨性、耐冲击、耐疲劳性等。

（2）根据加工材料和加工件生产批量选用材料。

（3）满足加工要求，应具有良好的加工工艺性能，便于切削加工，淬透性好，热处理变形小。

（4）满足经济性要求。另外，设计模具零件时材料的选用还应考虑如下因素：

① 模具的工作条件：如模具的受力状态，工作温度，腐蚀性等；

② 模具结构因素：如模具的大小、形状，各部件的作用，使用性质等；

③ 模具的工作性质；

④ 模具的加工手段；

⑤ 热处理要求。

## 9.1.2 模具材料的性能要求

模具材料的性能包括力学性能、高温性能、表面性能、工艺性能及经济性等。各种模具的工作条件不同，对材料性能的要求也各有差异。其工艺性能要求直接关系到模具的制造周期及制造成本，必须加以注意。模具材料的工艺性能要求，主要有锻造工艺性、切削工艺性、热处理工艺性等。

### 1. 锻造工艺性

良好的锻造工艺性是指可锻性好，即热锻变形抗力低、塑性好，锻造温度范围宽，锻裂、冷裂及析出网状碳化物缺陷的倾向低。

### 2. 切削工艺性

切削工艺性是指可加工性和可磨削性。对可加工性的要求是：切削用量大、刀具耗损低、加工表面平滑光洁。可加工性的主要指标包括：切削试验指数（V60 等）、常规退火硬度值、相对可切削性指数等。对可磨削性的要求是：砂轮相对耗损量小，无烧伤，极限磨削用量大，对砂轮质量及冷却条件不敏感，不易发生磨伤、磨裂等。

### 3. 热处理工艺性

（1）退火工艺性。对退火工艺性的要求是：球化退火温度范围宽，退火硬度低而稳定（一般为 227～241 HBS），形成片状组织倾向低。

（2）淬透性。对淬透性的要求是：淬火后易于获得深透的硬化层、适应于用缓和的淬火剂冷却硬化。

（3）淬硬性。对淬硬性的要求是：淬火后易获得高而均匀的表面硬度（一般为 60 HRC 左右）。

（4）脱碳、侵蚀敏感性。对脱碳、侵蚀敏感性的要求是：高温加热时脱碳速度慢，抗氧化性能好，对淬火加热介质不敏感，生成麻点的倾向低。

（5）过热敏感性。对过热敏感性的要求是：获得细晶粒、隐晶马氏体的淬火温度范围宽。

（6）淬裂敏感性。对淬裂敏感性的要求是：常规淬火开裂敏感性低，对淬火温度及工件的尖角形状因素不敏感，缓慢冷却可淬硬。

（7）淬火变形倾向。对淬火变形倾向的要求是：常规淬火体积变化小，形状翘曲、畸变轻微，异常变形倾向低。

对热作模具除要求具有一般常温性能外，还要有良好的耐蚀性、回火稳定性、抗高温氧化性和耐热疲劳性，同时还要求具有较小的热膨胀系数和较好的导热性，模腔表面硬度要足够而且既要有韧性，又要耐磨损。

### 9.1.3　模具材料选用的原则

模具材料选用原则一般应遵循以下 3 点。

（1）模具的使用性能。模具材料应满足模具的使用性能要求。主要从工作条件、模具结构和产品形状和尺寸、生产批量等方面加以综合考虑，确定材料应具有的性能。凡形状复杂、尺寸精度要求高的模具，应选用低变形材料；承受载荷大的模具，应选用高强度材料，承受冲击载荷大的模具，应选用韧性好的材料。

（2）模具的工艺性能。模具材料应具有良好的工艺性能。一般应具有良好的可锻性，切削加工性能与热处理等性能。对于尺寸较大、精度较高的重要模具，还要求具有较好的淬透性、较低的过热敏感性以及较小的氧化脱碳和淬火变形倾向。

（3）模具的经济性。模具材料要考虑经济性和市场性。在满足上述两项要求的情况下，选用材料应尽可能考虑到价格低廉、来源广泛、供应方便等因素。

# 9.2　常用模具材料

常用模具材料除冷作模具材料、热作模具材料、塑料成型模具材料三大类模具材料之外，还有铸造模具钢、有色合金模具材料、玻璃模具材料等，另外我国还开发研制了特种新型模具用材。本章重点叙述以上三大类模具材料性能与应用。

### 9.2.1　冷作模具材料

冷作模具材料应用量大，使用面广，其主要性能要求有强度、硬度、韧性和耐磨性。常用碳素工具钢、合金工具钢、高速钢、铸铁、硬质合金、新型模具钢等，一般以高碳合金钢为主，属热处理强化型钢，使用硬度高于 58 HRC。以 9CrWMn 为典型代表的低合金冷作模具钢，一般仅用于小批量生产中的简易型模具和承受冲击力较小的试制模具；Cr12型高碳合金钢是大多数模具的通用材料，这类钢的强度和耐磨性较高，韧性较低；在对模具综合力学性能要求更高的场合，常用的替代钢种是 W6Mo5Cr4V2 高速钢或新型模具钢。在大型模上用切削加工性较好的铸铁材料。

（1）碳素工具钢。碳素工具钢都是高碳钢含碳量在 0.7%～1.4%，主要牌号有 T7、T7A、

T8、T8A、T10、T12、T12A 等。这类钢切削性能良好，淬火后有较高的硬度和良好的耐磨性，但其淬透性差，淬火时须急冷，变形开裂倾向大，回火稳定性差，热硬性低。适用于制造尺寸小，形状简单的冷作模具。

（2）合金工具钢。合金工具钢是在碳钢的基础上加入一种或几种合金元素冶炼而成的钢。常用合金工具钢有低合金工具钢与高合金工具钢。

① 低合金工具钢。低合金工具钢含有一定的合金元素，与碳素工具钢相比，经淬火后有较高的强度和耐磨性，淬透性好，热处理变形小，回火稳定性好等特点。模具中常用的牌号有 CrWMn、9Mn2V、9SiCr、GCr15、5CrMnMo、5CrNiMo 等。适合于各种类型的成形零件。5CrMnMo 钢除具有 9Mn2V 钢的特性外，其耐磨性和韧性较好，适用于制造大型的成形零件。近年来碳素工具钢的使用愈来愈少，而高合金钢模具所占的比例为最高。

② 高合金工具钢。高合金工具钢由于合金元素的增加，其淬透性、耐磨性显著增加，热处理变形小，广泛用于承载大、冲击多、工件形状复杂的模具。常用的冷作模具钢有 Cr12、Cr12MoV，热作模具钢的材料有 3Cr2W18、3Cr2W8V 等。除了 Cr12、40Cr、Cr12MoV、硬质合金外，对一些工作强度大，受力苛刻的凸、凹模，可选用新材料粉末合金钢，如 V10、ASP23 等，此类材质具有较高的热稳定性和良好的组织状态。

针对以 Cr12MoV 为材质的零件，在粗加工后进行淬火处理，淬火后工件存在很大的存留应力，容易导致精加工或工作中开裂，零件淬火后应趁热回火，消除淬火应力。淬火温度控制在 900～1020℃，然后冷却至 200～220℃出炉空冷，随后迅速回炉 220℃回火，这种方法称为一次硬化工艺，可以获得较高的强度及耐磨性，对于以磨损为主要失效形式的模具效果较好。生产中遇到一些拐角较多、形状复杂的工件，回火还不足以消除淬火应力，精加工前还需进行去应力退火或多次时效处理，充分释放应力。

针对 V10、APS23 等粉末合金钢零件，因其能承受高温回火，淬火时可采用二次硬化工艺，1050～1080℃淬火，再用 490～520℃高温回火并进行多次，可以获得较高的冲击韧性及稳定性，对以崩刃为主要失效形式的模具很适用。粉末合金钢的造价较高，但其性能好，正在形成一种广泛运用趋势。

（3）高速钢。高速钢目前常用的有钨系高速钢（WC）W18Cr4V 和钼系高速钢（MoC）W6Mo5Cr4V2。高速钢具有良好的淬透性，在空气中即可淬硬，在 600℃左右仍保持高硬度、高强度和良好的韧性、耐磨性。高速钢适用于制造冷挤压模、热挤压模。

（4）铸铁。铸铁的主要特点是铸造性能好，容易成形，铸造工艺与设备简单。铸铁具有优良的减震性、耐磨性和切削加工性。除灰铸铁可用在制造冲模的上、下模座外，还可以代替模具钢制造模具主要工作部分的受力零件。

（5）硬质合金。硬质合金是以金属碳化物作硬质相，以铁族金属作为粘结相，用粉末冶金方法生产的一种多相组合材料。常用硬质合金有钨钴类（YG）、钨钴钛（YT）和万能硬质合金（YW）三类。钨钴类强度较高，韧性较好，钨钴钛类则具有较好的热硬性和抗氧化性。制造模具主要采用钨钴类硬质合金。随着含钴量的增加，硬质合金承受冲击载荷的能力逐渐提高，但硬度和耐磨性下降。因此，应根据模具的工作条件合理选用。硬质合金可用于制造高速冲模、冷热挤压模等。

（6）新型模具钢。新型模具钢具有高的韧性、冲击韧度和断裂韧度，其高温强度、热稳定性及热疲劳性都较好的特点，可提高模具的寿命，常用新型模具钢特点及应用如表 9-1。

表 9-1  新型模具钢

| 钢号 | 特点及应用 |
|---|---|
| 3Cr3Mo3W2V（HM1） | 高温强度、热稳定性及热疲劳性都较好，用于高速、高载、水冷条件下工作的模具，提高模具寿命 |
| 5Cr4Mo3SiMnVA1（012A1） | 冲击韧度高，高温强度及热稳定性好，适用于高温、大载荷下工作的模具，提高模具寿命 |
| 6Cr4Mo3Ni2WV（CG2） | 高温强度、热稳定性好，适用于小型热作模具，提高模具寿命 |
| 65Cr4W3Mo2VNb（65Nb） | 高的强韧性，是冷热作模具兼用钢，提高模具寿命 |
| 6W8Cr4Vti （LM1）<br>6Cr5Mo3W2VSiTi（LM2） | 高强韧性、冲击韧度和断裂韧度，在抗压强度与 W18Cr4V 钢相同时，高于 W18Cr4V 钢。用于工作在高压力、大冲击力下的冷作模具，提高模具寿命 |
| 7Cr7Mo3V2Si（LD） | 高强韧性，用于大载荷下的冷作模具，提高模具寿命 |
| 7CrSiMnMoV（CH—1） | 韧性好，淬透性高，可用火焰淬火，热处理变形小，适用于低强度冷作模具零件 |
| 8Cr2MnWMoVSi（8Cr2S） | 预硬化钢，易切削，提高塑料模寿命 |
| Y55CrNiMnMoV（SM1） | 预硬化钢，用于有镜面要求的热塑性塑料注射模 |
| Y20CrNi3A1MnMo（SM2）<br>5CrNiMnMoVSCa5NiSCa | 用于形状复杂、精度要求高、产量大的热塑性塑料注射模 |
| 4Cr5Mo2MnVSi（Y10）<br>3Cr3Mo3VNb（HM3） | 用于压铸铝镁合金 |
| 4Cr3Mo2MnVNbB（Y4） | 用于压铸铜合金 |
| 120Cr4W2MoV | 用于要求长寿命的冲载模 |

## 9.2.2  热作模具材料

由于增加了温度和冷却条件（有无冷却、如何冷却）这两个因素，热作模具的工作条件远比冷作模具复杂，因而热作模具用材的系列化，除少数几种用量特别大的以外，总的来说不如冷作模具用材系列完整。热作模具用材的选择，在力学性能方面要兼顾热强性（热耐磨性）和抗裂纹性能。但由于加工对象（热金属）本身强度不高，故对热作模具材料的屈服强度要求并不高，而加工过程中采用的冲击加工方式及不可避免的局部急热急冷特性对韧性提出了较高要求。

热作模具钢多为中碳合金钢，用于热锻模、热挤压模、压铸模以及等温锻造模具等。

常用热作模具钢的种类主要有 5Cr 型、3Cr-3Mo 型、Cr-W 型和 Cr-Ni-Mo 型合金工具钢，特殊场合也使用基体钢、高速钢和马氏体时效钢。

（1）5Cr 型热作模具钢。5Cr 型热作模具钢的典型钢种是 H18 钢和 H11 钢，这类钢的综合性能较好，尤其是抗冷热疲劳性强，是目前各国用量最多的标准型热作模具钢。

（2）3Cr-3Mo 型热作模具钢。3Cr-3Mo 型热作模具钢的基本钢种是美国的 H10 钢。这类钢韧性较高，热强性优于 H13 钢，可用于热锻模和温锻模。

（3）超级热作材料。热作模具材料以要求热强性为主时，可以选用铁基（Cr18、Ni26、Ti12）、镍基（Cr18、Fe18、NM、M03）以及钴基材料。另外几乎所有高温合金均可用于热作模具。热作模具要求耐磨性为主时，可以选用高铬莱氏体钢、高速钢、高钒粉末钢、钢结硬质合金以及工程陶瓷。高钒粉末钢以其低廉的原料成本和特别高的耐磨性、良好的韧性倍受重视。工程陶瓷也具有热强、耐磨特性，但因抗裂纹性能低而受到限制。

（4）其他热作模具钢。Cr-W 型热作模具钢的传统钢种是 H21（8Cr2WSV）钢，由于这种钢的韧性低，抗冷热疲劳性能差，现在国外已广泛采用 H13 钢取代。Cr-W 型钢的高温强度和耐磨性好，一些高温锻模和高温压铸模有时使用 H19 钢。

国外还发展了一些新型高铬耐蚀模具钢，如俄罗斯的 2X9B6 钢等。Cr-Ni-Mo 型热作模具钢主要用于大型热锻模，这类钢的淬透性、回火稳定性和韧性较高，切削加工性能好，但耐磨性差。在特殊情况下，以提高耐磨性和热硬性为主要目的。而用于热作模具的高速钢，多为 W 系高速钢。为了保证足够的韧性和抗冷热疲劳性能，钢中碳的质量分数较低，相当于基体钢。基体钢属高强韧性热作模具钢。马氏体时效钢的综合性能最好，表面粗糙度值小，热处理变形小，但成本较高，一般仅用于复杂、精密的压铸模和挤压模。

## 9.2.3  塑料成型模具材料

由于塑料模具的工作条件（加工对象）、制造方法、精度及对耐久性要求的多样性，所以塑料模具用钢的成分范围很大。我国目前采用的 45、40Cr 等因寿命短、表面粗糙度值大、尺寸精度不易保证等缺点，不能满足塑料制品工业发展的需要。工业发达的国家较早地注意到了提高塑料模具材料的寿命和模具质量问题，已形成专用的钢种系列。如美国 ASTM 标准中的 P 系列包括 7 个钢号，其他国家的一些特殊钢生产企业也发展了各自的塑料模具用钢系列，如日本大同特殊钢公司的塑料模具钢系列包括 13 个钢号，日立金属公司则列入了 15 个钢号。我国国家标准中只列入了 3CGMo（P20）一个钢号，但近年已经初步形成了我国的塑料模具用钢系列。塑料模具钢可以分为下述几类。

（1）通用型塑料模具钢。塑料模具钢的性能主要要求加工性能、耐蚀性和镜面度，一些特殊的模具还要求高的耐磨性和韧性。当今塑料模具钢已形成较完整的体系，大致分为以下几类。

① 基本型塑料模具钢。如 65 钢，碳的质量分数为 0.65%，在锻后正火状态直接加工成

形使用，使用硬度很低（<20HRC），切削加工性能好，但模具表面粗糙度值大使用寿命短。

② 预硬化型塑料模具钢。是用量最大的通用型材料，典型的代表钢种是美 P20 钢。这类钢是在中、低碳钢中加入一些合金元素的低合金钢，淬透性较高且保持良好的易切削加工性能，调质后加工使用，硬度通常在 25～35 HRC。

③ 时效硬化型塑料模具钢。如美国的 P21、日本的 NAK55 是在中、低碳钢中加入 Ni、Cr、Al、Cu、Ti 等合金元素。先对毛坯进行摔火、回火处理，使其硬度小于 30 HRC，然后加工成模具，再进行时效处理，由于金属间化合物的析出使模具的硬度上升到 40～50 HRC。这类钢的耐蚀性和耐磨性优于预硬钢，可用于复杂精密模具或大批量生产用的长寿命模具。这类钢中常加 S、Pb、Ca 等元素以改善其切削加工性能。

④ 热处理硬化型塑料模具钢。如美国的 D2，日本的 PD613、PD555 等可分为高碳高铬型（冷作模具钢）的高耐磨塑料模具钢和低碳高铬型的高耐腐蚀性塑料模具钢两种。这类钢制造的模具，需在精加工后进行淬火、回火处理，使用硬度为 50～60HRC，模具表面能达到很高的镜面度，并可进行表面强化处理。

⑤ 粉末模具钢。对于要求高耐磨性、高耐蚀性、高韧性和超高镜面度的高级塑料模具，可采用马氏体时效钢或粉末模具钢。用粉末冶金方法生产的模具钢，与高碳高铬型模具钢有相同的化学成分，而显微组织中的碳化物均匀微细，可使模具达到极高的镜面度。如日本神户制钢公司研制的 KAD181 和 KAS440 两种粉末模具钢就是在 D2 钢的基础上，提高铬含量的钢种。这两种钢的使用硬度可达 62～64 HRC，表面粗糙度值可达 $Ra$ =0.01μm，用于一些产品批量很大的高级塑料模具，寿命可达到普通热处理硬化型钢模具寿命的 2～3 倍。

⑥ 钢结硬质合金。以其高硬度和高耐磨性的特点，在多工位精密冲模中愈来愈被广泛应用。近年来，国外钢结硬质合金的发展很快，其特点是硬质相向多样化方向发展，如 TiCN、TiB 等多种硬质相；粘结相钢种不断向普通硬质合金靠近，硬质相含量最高可达 94%，另一方面向粉末高速钢靠近，钢基体含量最高可达 90%。如日本日立金属公司开发的 10%TiN 型钢结硬质合金，其使用硬度高于 73HRC，常用于冷成形模具，效果优于高速钢和普通硬质合金。此外，以 5%～20%铁族元素为粘结相的复合硬质相型（TiC，WC，TiN，AlN，TaC 等）钢结硬质合金在 800℃下具有很高的耐磨性，可用于热锻模。

（2）新型塑料模用钢。近年来发展了几种典型塑料模具用钢，现介绍如下。

① LJ 塑料模具钢。是华中理工大学与大冶钢厂合作研制的一种冷挤压成型塑料模具钢。此类材料在挤压时具有高塑性、低变形抗力，以利于成型；经过表面硬化处理后，表面具有高硬度、高耐磨性，同时，心部具有良好的强韧性相配合，以利于提高模具的使用寿命。

② 钛铜合金塑料模。钛铜合金是在钢中加入 6.5%（质量分数）以下钛，然后在一定条件下析出硬化相的新型高强度、高硬度合金，该合金耐磨损、耐腐蚀、耐疲劳。将其固溶处理后有一个硬度最低值，此时易于进行各种形变或切削加工，而随后再低温时效处理，可在不产生氧化和变形的情况下，使其强度和硬度大幅度升高，同时其热导性也随之提高，是碳钢的 3 倍左右。所有这些性质都是作为模具材料所期望的。

③ 镀铜合金塑料模。Be-Cu 合金塑料模具有耐磨损，使用寿命长的优点，Be-Cu 合金模具强度高达 980～1100 MPa，经时效处理后硬度可达 35 HRC。注射次数愈多，模面愈光滑，而且精度准确，复制性佳，表面光洁，热导性良好，可提高制品的生产速度。Be-Cu 合金塑料模可降低制模成本，缩短工时，减少机床台数，节省人工。还可制作形状复杂且无法以机械加工、冷压成形加工或放电加工等方法制作的模具。

④ 大截面塑料模具钢（P20BSCa）。华中理工大学研制了一种适合大截面注射使用的预硬型易切削塑料模具钢：P20BSCa 钢。此钢除满足注射模各项基本性能要求外，还具有高的淬透性，以保证截面上性能的均匀一致。模拟冷却试验结果表明，P20BSCa 钢具有良好的淬透性，有效直径为 600 mm 的模块可淬透，且淬火及回火以后心部硬度可达 33 HRC 以上，证明该钢完全可以作为要求预硬硬度为 30～35 HRC 的大型或超大型塑料模具用材。

⑤ 新型易切削贝氏体塑料模具钢（Y82）。新型切削贝氏体塑料模具钢 Y82 是清华大学研制而成的，采用中碳和少量普通元素 Mn、B 合金化，添加 S、Ca 改善切削性能，是一种有前途的新钢种。

常用模具钢的性能和特点如表 9-2。

表 9-2　常用模具钢的性能特点及用途

| 钢种 | 性能特点 | 用途 |
|---|---|---|
| 10、20 | 易挤压成形、渗碳及淬火后耐磨性稍好、热处理变形大、淬透性低 | 工作载荷不大、形状简单的冷挤压模、陶瓷模 |
| 45 | 耐磨性差、韧性好、热处理过热倾向小、淬透性低、耐高温性能差 | 工作载荷不大、形状简单的型腔模、冲孔模及锌合金压铸模 |
| T7A、T8A | 耐磨性差、热处理变形大、淬透性低 | 工作载荷不大、形状简单的冷冲模、成形模 |
| T10A、T12A | 耐磨性稍好、热处理变形大、淬透性低 | |
| 40Cr | 耐磨性差、韧性好、热处理变形小、淬透性较好、耐高温性能差 | 用于锌合金压铸模 |
| 9Mn2V、GCr15 | 耐磨性较好、热处理变形小、淬透性较好 | 工作载荷稍大、形状简单的冷冲模、胶木模 |
| CrWMn | 耐磨性好、热处理变形小、淬透性较好 | 工作载荷较大、形状较复杂的成形模、冷冲模 |
| 9SiCr | | 用于冲头、拉拔模 |
| 60Si2Mn | 韧性好、热处理变形较小、淬透性好 | 用于标准件上的冷镦模 |
| Cr12 | 耐磨性好、韧性差、热处理变形小、淬透性好、碳化物偏析严重 | 用于载荷大、形状复杂的高精度冷冲模 |
| Cr12MoV | 耐磨性好、热处理变形小、淬透性好、碳化物偏析比 Cr12 小 | 用于载荷大、形状复杂的高精度冷冲模、冷挤压模以及冷镦模 |
| 5CrMnMo、5CrNiMo | 韧性较好、热处理变形较小、淬透性较好、回火稳定性较好 | 用于热锻模、切边模 |
| 3Cr2W8V | 热硬性高、热处理变形小、淬透性好 | 用于热挤压模、压铸模 |
| W18Cr4V、W6Mo5Cr4V2 | | 用于冷挤压模、热态下工作的热冲模 |

# 9.3  模具材料的热处理

热处理是机械零件和加工模具制造过程中的重要工序之一。大体来说，它可以保证和提高工件的各种性能，如耐磨、耐腐蚀等。还可以改善毛坯的组织和应力状态，以利于进行各种冷、热加工。例如白口铸铁经过长时间退火处理可以获得可锻铸铁，提高塑性；齿轮采用正确的热处理工艺，使用寿命可以比不经热处理的齿轮成倍或几十倍地提高；另外，价廉的碳钢通过渗入某些合金元素就具有某些价昂的合金钢性能，可以代替某些耐热钢、不锈钢。热处理在模具制造中起着重要作用，模具几乎全部需要经过热处理方可使用。无论模具的结构及类型、制作的材料和采用的成形方法如何，都需要用热处理使其获得较高的硬度和较好的耐磨性，及其他所综合要求的力学性能。一般来说，模具的使用寿命及其制品的质量，在很大程度上取决于热处理。模具热处理对模具的如下性能有着直接的影响。

## 1. 模具的制造精度

组织转变不均匀、不彻底及热处理形成的残余应力过大造成模具在热处理后的加工、装配和模具使用过程中的变形，从而降低模具的精度，甚至报废。

## 2. 模具的强度

热处理工艺制定不当、热处理操作不规范或热处理设备状态不完好，造成被处理模具强度（硬度）达不到设计要求。

## 3. 模具的工作寿命

热处理造成的组织结构不合理、晶粒度超标等，导致主要性能如模具的韧性、冷热疲劳性能、抗磨损性能等下降，影响模具的工作寿命。

## 4. 模具的制造成本

作为模具制造过程的中间环节或最终工序，热处理造成的开裂、变形超差及性能超差，大多数情况下会使模具报废，即使通过修补仍可继续使用，也会增加工时，延长交货期，提高模具的制造成本。

因此，在模具制造中，热处理技术与模具质量有十分密切的关联性，使得这两种技术在现代化的进程中，相互促进，共同提高。选用合理的热处理工艺尤为重要，常用热处理工艺方法有普通热处理、表面热处理、新的热处理工艺等。20 世纪 80 年代以来，国际模具热处理技术发展较快的领域是真空热处理技术、模具的表面强化技术和模具材料的预硬化技术。零件的热处理工序，在使零件获得要求的硬度的同时，还需对内应力进行控制，保证零件加工时尺寸的稳定性，不同的材质分别有不同的处理方式。

### 9.3.1　普通热处理

金属热处理工艺大体可分为普通热处理、表面热处理和化学热处理三大类。根据加热介质、加热温度和冷却方法的不同,每一大类又可区分为若干不同的热处理工艺。同一种金属采用不同的热处理工艺,可获得不同的组织,从而具有不同的性能。钢铁是工业上应用最广的金属,而且钢铁显微组织也最为复杂,因此钢铁热处理工艺种类繁多。

普通热处理是对工件整体加热,然后以适当的速度冷却,以改变其整体力学性能的金属热处理工艺。钢铁热处理大致有退火、正火、淬火和回火四种基本工艺。

#### 1. 退火工艺

退火是将钢加热到一定温度后保温一定时间,并随之缓慢冷却下来的一种工艺操作方法。其目的在于降低钢的硬度,提高塑性,改善加工性能,细化晶粒,改善组织,消除内应力,为以后的热处理工艺做准备。

退火的方法有完全退火、球化退火和去应力退火。完全退火的目的是细化晶粒,消除热加工造成的内应力,降低硬度;球化退火可降低钢材硬度,提高塑性,改善切削性能,为淬火作好准备;去应力退火的目的是在加热状态下消除铸件、锻件、焊接件的内应力,去应力退火也称低温退火。

#### 2. 正火工艺

正火是将钢加热到上临介点以上 40～60℃,达到完全奥氏体化和奥氏体均匀化后,一般在自然流通的空气中冷却。通过正火细化晶粒,钢的韧性可以显著提高。

#### 3. 淬火工艺

淬火工艺的要求是通过加热和快速冷却的方法,使工件在一定的截面部位上获得马氏体或下贝氏体,回火后达到要求的力学性能。目的是为了提高工件的硬度、耐磨性其他力学性能。

#### 4. 回火工艺

回火是紧接淬火的后续工序,是将淬火工件加热到低于临界点以下某一温度,保温一定时间,然后进行冷却。其目的一是改变工件淬火组织,得到一定的强度、韧性的配合;二是为了消除工件淬火应力和回火中的组织转变应力。

"四把火"随着加热温度和冷却方式的不同,又演变出不同的热处理工艺。为了获得一定的强度和韧性,把淬火和高温回火结合起来的工艺,称为调质。某些合金淬火形成过饱和固溶体后,将其置于室温或稍高的适当温度下保持较长时间,以提高合金的硬度、强度或电性、磁性等。这样的热处理工艺称为时效处理。

　　把压力加工形变与热处理有效而紧密地结合起来进行，使工件获得很好的强度、韧性配合的方法称为形变热处理；在负压气氛或真空中进行的热处理称为真空热处理，它不仅能使工件不氧化，不脱碳，保持处理后工件表面光洁，提高工件的性能，还可以通入渗剂进行化学热处理。

## 9.3.2　表面热处理

　　模具在工作中除了要求基体具有足够高的强度和韧性的合理配合外，其表面性能对模具的工作性能和使用寿命至关重要。这些表面性能指：耐磨损性能、耐腐蚀性能、摩擦系数、疲劳性能等。这些性能的改善，单纯依赖基体材料的改进和提高是非常有限的，也是不经济的，而通过表面处理技术，往往可以收到事半功倍的效果，这也正是表面处理技术得到迅速发展的原因。

　　模具的表面处理技术，是通过表面涂覆、表面改性或复合处理技术，改变模具表面的形态、化学成分、组织结构和应力状态，以获得所需表面性能的系统工程。从表面处理的方式上，又可分为：化学方法、物理方法、物理化学方法和机械方法。虽然旨在提高模具表面性能新的处理技术不断涌现，但在模具制造中应用较多的主要是渗碳、渗氮和硬化膜沉积等。

### 1. 渗碳

　　为增加低碳钢、低碳合金钢的含碳量，在适当的媒剂中加热，将碳从钢表面扩散渗入，使表面层成为高碳状态，是一种淬火硬化的方法。

　　模具渗碳的目的，主要是为了提高模具的整体强韧性，即模具的工作表面具有高的强度和耐磨性，由此引入的技术思路是，用较低级的材料，即通过渗碳淬火来代替较高级别的材料，从而降低制造成本。

### 2. 渗氮

　　渗氮是向钢体表面渗入氮原子以提高表层的硬度、耐磨性、疲劳强度以及耐蚀性的化学热处理方法，也称氮化。

　　渗氮工艺有气体渗氮、离子渗氮、液体渗氮等方式，每一种渗氮方式中，都有若干种渗氮技术，可以适应不同钢种不同工件的要求。由于渗氮技术可形成优良性能的表面，并且渗氮工艺与模具钢的淬火工艺有良好的协调性，同时渗氮温度低，渗氮后不需激烈冷却，模具的变形极小，因此模具的表面强化是采用渗氮技术较早，也是应用最广泛的。

### 3. 硬化膜沉积

　　硬化膜沉积技术目前较成熟的是 CVD、PVD。为了增加膜层工件表面的结合强度，现在发展了多种增强型 CVD、PVD 技术。硬化膜沉积技术最早在工具（刀具、刃具、量具等）上应用，效果极佳，多种刀具已将涂覆硬化膜作为标准工艺。模具自 20 世纪 80 年代开始采用涂覆硬化膜技术。目前的技术条件下，硬化膜沉积技术（主要是设备）的成本较高，仍然只在一些精密、长寿命模具上应用，如果采用建立热处理中心的方式，则涂覆硬化膜的成本会大大降低，更多的模具如果采用这一技术，可以整体提高我国的模具制造水平。

### 9.3.3  采用新的热处理

为提高热处理质量，做到硬度合理、均匀、无氧化、无脱碳、消除微裂纹，避免模具的偶然失效，进一步挖掘材料的潜力，从而提高模具的正常使用寿命，可采用一些新的热处理工艺如组织预处理、真空热处理、冰冷处理、高温淬火＋高温回火、贝氏体等温淬火、表面强化等。

#### 1. 组织预处理

在模具淬火之前，对模具的材料进行均匀化处理，以便在淬火后得到"细针状马氏体＋碳化物＋残留奥氏体"的显微组织，从而使材料的抗压强度和断裂韧性将大大提高。

#### 2. 真空热处理

真空热处理技术是近些年发展起来的一种新型的热处理技术，真空热处理的加热是借助于发热元件的辐射进行的，它所具备的特点，正是模具制造中所迫切需要的，比如防止加热氧化和不脱碳、真空脱气或除气，消除氢脆，从而提高材料（零件）的塑性、韧性和疲劳强度。真空加热缓慢、零件内外温差较小等因素，决定了真空热处理工艺造成的零件变形小等。

#### 3. 冰冷处理

淬火后冷到常温以下的处理称为冰冷处理，这是很有实用价值的一种处理方法。可使精密零件尺寸稳定，避免相当多的残余奥氏体因不稳定而转为马氏体。

#### 4. 高温淬火 + 高温回火

高温淬火可使中碳低合金钢获得更多的板条马氏体，从而提高模具的强韧性；对于高合金钢，可使更多的合金元素溶入奥氏体，提高淬火组织的抗回火能力和热稳定性，高温回火又可得到回火索氏体组织，使韧性提高，从而提高了模具寿命。

#### 5. 贝氏体等温淬火

贝氏体或"贝氏体＋少量回火马氏体"具有较高的强度、韧性综合性能，热处理变形较小，对要求高强度、高韧性、高塑性的冷冲模、冷挤模具，可获得较高寿命。

### 6．表面强化

模具表面除化学表面处理法外，还有物理表面处理法及表面覆层处理法。物理表面处理是不改变金属表面化学成分的硬化处理方法，主要包括表面淬火、激光热处理、加工硬化等；表面覆层处理法是通过各种物理、化学沉积等方式，主要包括镀铬、化学气相沉积（CVD）、物理气相沉积（PVD）及电火花强化等。

# 9.4　模具材料的检测及措施

在模具零件进入粗加工之前，应对模具毛坯质量进行检测，检验毛坯的宏观缺陷、内部缺陷及退火硬度。对一些重要模具还应对材料的材质进行检验，以防止使用不合格材料进入下道工序。模具工件经热处理后还应有硬度检查、变形检查、外观检查、金相检查、力学性能检查等项目，确保热处理的质量。具体检测内容及措施如表 9-3。

表 9-3　模具热处理检查内容及要求

| 检查内容 | 技术要求及方法 |
| --- | --- |
| 硬度检查 | 硬度检查应在零件的有效工作部位进行硬度值应附合图纸要求。检查时，应按硬度试验的有关过程进行检查硬度不应在表面质量要求较高的部位进行 |
| 变形检查 | 模具零件热处理后的尺寸应在图纸及工艺规定范围要求之内，若零件有两次留磨余量，应保证变形量小于磨余量的 1/3～1/2，表面氧化脱碳层不得超过加工余量的 1/3，模具的基准面一般应保证不平度小于 0.02 mm，对于级进模（连续模）各孔距、步距变形应保证在±0.01 mm 范围内 |
| 外观检查 | 模具热处理后不允许有裂纹、烧伤和明显的腐蚀痕迹，留两次磨量的零件，表面氧化层的深度不允许超过磨量的1/3 |
| 金相检查 | 主要检查零件化学处理后的层深、脆性或内部组织状况 |

# 9.5　思考与练习

1．模具材料一般可以分为哪几类？
2．简述选用模具材料的原则。
3．简述模具材料的工艺性能要求。
4．简述普通热处理工艺过程包括哪些内容。

# 参 考 文 献

[1]  彭建生. 简明模具工实用技术手册 [M]. 北京：机械工业出版社，1999.

[2]  〔加〕H·瑞斯. 模具工程 [M]. 北京：化学工业出版社，1998.

[3]  任建伟. 模具工程技术基础 [M]. 北京：高等教育出版社，2002.

[4]  屈华昌. 塑料成型工艺与模具设计 [M]. 北京：高等教育出版社，2001.

[5]  邓石城、陈恒清. 袖珍模具工手册 [M]. 北京：机械工业出版社，2002.

[6]  柳燕君，杨善义. 模具制造技术 [M]. 北京：高等教育出版社，2002.

[7]  许炳鑫. 模具材料与热处理 [M]. 北京：机械工业出版社，2004.

[8]  高为国. 模具材料 [M]. 北京：机械工业出版社，2004.

[9]  王敏杰，宋满仓. 模具制造技术 [M]. 北京：电子工业出版社，2004.

[10]  牟林，魏峥. 冷冲压工艺及模具设计教程 [M]. 北京：清华大学出版社，2005.

[11]  范有发. 冲压与塑料成型设备 [M]. 北京：机械工业出版社，2006.

[12]  刘航. 模具制造技术 [M]. 西安：西安电子科技大学出版社，2006.

[13]  李发致. 模具先进制造技术 [M]. 北京：机械工业出版社，2003.

[14]  成虹. 冲压工艺与模具设计（第二版）[M]. 北京：高等教育出版社，2006.